PROCREATE
时装画技法教程

五爷hey 张颖 著

东华大学 出版社·上海

图书在版编目（CIP）数据

Procreate 时装画技法教程 / 五爷hey, 张颖著.

—上海：东华大学出版社, 2021.8

ISBN 978-7-5669-1937-3

Ⅰ . ① P… Ⅱ . ①五… ②张… Ⅲ . ①服装－绘画技法－图

像处理软件－教材 Ⅳ . ① TS941.28-39

中国版本图书馆 CIP 数据核字 (2021) 第 139610 号

责 任 编 辑： 徐建红

封 面 设 计： 刘偲毓

出　　　　版：东华大学出版社（地址：上海市延安西路1882号　邮编：200051）

本 社 网 址：dhupress.dhu.edu.cn

天猫旗舰店：http://dhdx.tmall.com

销 售 中 心：021-62193056　62373056　62379558

印　　　　刷：当纳利（上海）信息技术有限公司

开　　　　本：889mm×1194mm　1/16

印　　　　张：11.5

字　　　　数：400千字

版　　　　次：2021年8月第1版

印　　　　次：2022年4月第3次

书　　　　号：ISBN 978-7-5669-1937-3

定　　　　价：98.00元

内容提要

时装画是以绘画为基础，通过丰富的艺术处理方法来体现服装设计的造型和整体氛围的绘画形式。传统时装画以手绘为主，但随着信息技术的不断更迭与创新，数字媒介的出现打破了视觉艺术的传统表现技法，单纯以手绘方式绘制已满足不了时装画爱好者的需求，越来越多的创作者和设计师开始通过科技时代的产物，展示更加多元化、多样化的时装画作品，这也让科技与艺术更加和谐地融为一体。

本书结合了目前流行的软件技术，对 Procreate 绘图工具进行全面、系统的介绍，是一本 Procreate 时装画的实用入门教程。本书使用的设备为 iPad Pro 和 Apple Pencil，书中涵盖了丰富且典型的教学案例，循序渐进、深入浅出地讲解了不同的时装画绘制技法。此外，另有相关线上视频课程可供读者选择。

时装画概述

认识 Procreate

时装画人体基础

服装款式图绘制技法

5

服装面料材质表现技法

6

服装面料图案表现技法

7

时装画的构思与表现

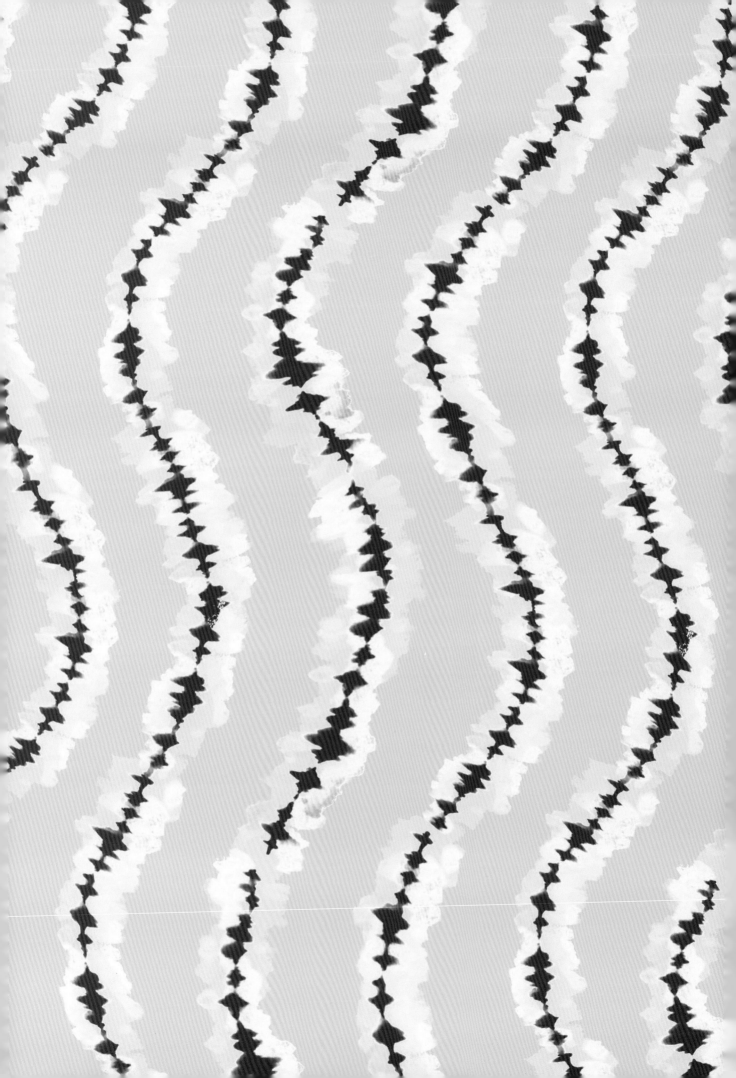

时装画概述

　　时装画以绘画为基础，通过丰富的艺术表现形式来体现服装设计的造型与整体氛围。传统的时装画以手绘为主，并且根据不同的目标风格，选择的绘画工具也不尽相同，有铅笔、钢笔、炭笔、水彩、水粉等。随着电脑技术的不断更迭与革新，数字化媒介的出现打破了传统视觉艺术的表现技法，时装画的艺术表现形式也逐渐多样化，甚至模糊了绘画、插画、拼贴、摄影作品的界限，而移动设备的普及与推广更是彻底摆脱了时间、地点、工具对创作者的束缚。

　　本章将从时装画的历史出发，分析常见的时装画种类与风格，最后落脚到与当下流行的数字技术相结合的时装画上，突出其带来的便捷和创意。

1.1 时装画的发展与流行

时装画是传达设计理念、记录时装与流行趋势的载体，也是艺术与设计结合的契合点。时装画的起源可以追溯到欧洲文艺复兴时期，当时的作品主要是对已有服装款式的记录，其中包括流行服装、民俗服装和舞台服装，通过素描、油画、版画、壁画等绘画形式进行传播。

19 世纪的时装画

不同时期的时装画风格及表现形式也不尽相同，19 世纪的时装画以水彩画的方式将服装款式、面料质地和装饰辅料以写实的手法表现出来。

1828 年的时装画

VOGUE 杂志 1929 年 6 月刊封面

20 世纪初的时装画

进入 20 世纪后，随着社会文化形态、艺术思潮、艺术形式的丰富与活跃，时装画逐渐从纯粹的美术创作中分离出来。特别是在 20 世纪初，由于受到装饰艺术运动的影响，时装画的画面主体由繁复趋于简洁，以线性的、平面化的表达方式为主，强调其装饰韵味，时装画也持续作为各类时尚杂志的封面和内页插图出现。

softened with a rounded hip

2414

2393

T wo-piecers most likely to please any size ...
Shaft-slim or softly flared skirts stem from
smooth-fitting tops. Peplums prefer to hug the

1948 年美国 Simplicity 公司宣传单

1.2 时装画的种类与风格

时装画的主要价值是表达设计思路，传递产品信息，同时吸引消费者，因此时装画具有双重属性：一方面需要准确表达设计要素，具有实用性；另一方面也要符合审美需求，具有装饰性。

从时装画的实用功能出发，在设计师进行灵感创作的整个过程中，由浅入深可以分为设计草图、服装效果图以及服装款式图。设计草图能快速记录瞬间迸发的设计灵感，具有一定的概括性，既可以着力表现服装廓形，也可以局部刻画设计细节。服装效果图一般采用较为写实的手法准确表达人物着装效果，并能清晰地表达服装结构、款式、颜色以及面料质感。服装款式图需要创作者在了解服装版型和缝纫工艺的基础上，严谨地表达服装款式、结构分割的位置，服装款式图旁边通常会附有一些面辅料小样和细节工艺说明，是设计师与版师沟通的桥梁。

20 世纪中叶的时装画

20 世纪中叶起，服装开始强调女性的曲线美，人们向往随意、自由、优雅知性的装扮，绘画风格也与 20 世纪初有了明显的区别，特别是迪奥推出了新风貌（New Look）服装造型后，无论服装还是时装画都极为强调女性纤腰丰臀的曲线。

设计草图

服装效果图

从装饰角度讲，时装画风格可分为写实风格、写意风格、卡通风格及街头风格等。

写实风格时装画

写实风格的时装画按照服装的真实效果进行描绘，对人体结构、比例动态都需要准确表达，对面料质感的刻画也要进行真实表现，同时线条讲究细致、丰富，用色需要过渡自然，让结果呈现出一种照片式的写实感。例如艺术家乔治·斯塔夫里诺斯（George Stavrinos）常以素描的形式生动地刻画时装。

写意风格时装画

写意风格时装画通常会刻意对人体或服装进行局部省略或留白处理，渲染出灵动、个性化的画面氛围。在绘制时需要设计师抓住对象的主要特征，用干练简洁的线条勾勒出服装造型和人物神韵。例如插画师比尔·多诺万（Bil Donovan）仅通过寥寥几笔即表现出人物的神态和着装，笔触大气完美，充分展现了时尚与艺术的无限魅力。

比尔·多诺万的插画作品

乔治·斯塔夫里诺斯的插画作品

街头风格时装画

街头风格时装画主要受到涂鸦艺术的影响，除了基础的绘画工具之外，还可以使用丙烯、喷枪、油墨等材料进行大胆创作。街头风格的时装画作品用色大胆，表达前卫，富有个性，迎合了更加年轻化的市场需求。插画师柒梦瑶（ Gi Myao ）擅长运用丰富的色彩、夸张的表情生动地表达她的时尚态度。

吉尔·考尔德的插画作品

柒梦瑶的插画作品

卡通风格时装画

卡通风格时装画受到漫画、动漫等艺术形式的影响，其特点首先体现在对五官的刻画上，通过夸张、变形和简化等手法形成可爱或潮酷的卡通人物形象。其次是通过对人体比例的夸张，形成纤细的四肢比例。例如艺术家吉尔·考尔德（ Jill Calder ）用简洁的线条、明快的色彩绘制出极具标志性的卡通形象，具有鲜明的个人风格特征。

1.3 数字时装画

数字技术在设计领域的应用源自 20 世纪中后期出现的 CAD（Computer Aided Design）的概念，早期设计师绘图时常用到 CorelDRAW 和 Adobe Illustrator 等矢量制图软件，绘制的画面表达清晰、准确，但却比较单调、呆板。随着电脑技术不断的发展，出现了以 Corel Painter、SAI（easy paint tool）、Adobe Photoshop 为代表的位图处理软件，其借助手绘板、手绘屏等硬件设备的支持与辅助，将技术与艺术设计相结合，使用者能获得与手绘几乎相同的笔触感和压感，实现了电脑绘图的便捷操作。

在如今这个信息时代，随着移动互联网的快速发展，iPad 逐渐成为设计师不可或缺的工具，并在艺术创作中扮演着重要角色。利用绘图软件绘制时装画也逐渐流行起来，其中，绘图软件 Procreate 彻底打破了时间、地点、工具对设计师的束缚，为他们提供了更加广阔的发挥空间，同时也大幅度提高了设计师的工作效率。

时装画是时装艺术的一种表现形式，利用 iPad 等工具进行数字时装画的创作可以在更大程度上激发设计师的潜能，将传统与科技、手绘与电脑绘图完美结合，使其相辅相成、互相补充，无限拓展了时装画创作的可能性。

认识 Procreate

Procreate 是为移动设备开发的专业绘图软件，Procreate 的数字化操作模式既让创作者感受到数字世界与传统手绘无比接近的真实感，又弥补了传统手绘模式下绘图工具繁琐及修改不便等不足。本章详细介绍 Procreate 软件的强大功能及其使用方法，并结合不同的应用场景，详细介绍相应的工具及其对应的效果。

扫以下二维码，付费看本章相关教学视频

 软件常用功能介绍

 软件重点功能与示范

2.1 界面介绍

Procreate 的极简界面分为三个主要部分。

本节将通过数字标号 1~14 来分别介绍其对应的功能。

绘图工具（右上 1~5）

在菜单列表右上方能找到开始创作所需的基本工具，分别是绘图、涂抹、擦除、图层和颜色。

1. 绘图

可灵活使用上百种流畅的画笔来绘图，还可以对画笔库进行管理和分组，导入自定义笔刷或分享个性画笔。

2. 涂抹

可以晕染已有作品的色彩，使其过渡自然；也可以利用画笔库创作出不同的效果。

3. 擦除

用橡皮直接修改错误或进行细微调整；并且可以进入画笔库选择合适的橡皮形状。

4. 图层

有图层功能的加持，创作者可在不影响原图的情况下在图像上叠加不同的元素或颜色，并且能轻松移动、编辑、甚至重新上色或直接删除多余物件。

5. 颜色

可存储、导入和分享调色板，调整并调和色彩，也可将色彩直接拖曳到画作上。

调整工具（左边 6~9）

左边的侧栏包含各种调整工具，例如调节笔刷尺寸和不透明度，快速操作撤销、重做，可在创作中随时进行修改。

6. 笔刷尺寸

向上调滑动键可增大笔刷尺寸，画出较粗的线条；向下调则会将笔尖变小，画出较细的线条；如果想要对笔刷尺寸进行微调，可先长按滑动键，在保持手指触碰屏幕的同时向旁边拖动，再通过上下滑动对笔刷大小进行细微调整。

7. 修改钮

轻点正方形的修改钮会自动唤醒选色吸管，创作者可以直接从画作上选取颜色，也可以按住修改钮并轻点画布任意处来识别及吸取色彩。

8. 画笔不透明度

上下调动滑动键可以调节笔刷的不透明度；如果想要进行微调，可参考笔刷尺寸滑动键的使用方法，先用手指向旁边拖动，再通过上下滑动来获得精准的不透明度。

9. 撤销 / 重做箭头

轻点上方的撤销箭头可取消前一个操作，轻点下方的重做箭头可进行复原，最多可撤销 250 个操作。

高级功能（左上 10~14）

在左页左上方的菜单中能找到更多高级功能。

10. 图库
组织并管理创作者的作品，可创建新画布、导入图像并向他人分享自己的作品。

11. 操作
包含插入、分享以及调整画布等实用功能，并且可以调整界面和触摸设置，配合创作者设定最佳表现方式。

12. 调整
利用专业的图像效果雕琢创作者的作品，快速调节复杂色彩和应用渐变映射，或通过模糊效果、锐化、杂色、克隆及液化等工具为画面画龙点睛，还可以添加如泛光、半色调和色像差等艺术特效。

13. 选取
四个多用途选取工具和一系列高阶选项可以分别对图像的各部分进行编辑，确保了画面修改的精准度。

14. 变换变形
可延展、移动和快速改变图像，从基础的大小缩放功能到多功能的扭曲网格，变换变形工具可瞬间颠覆创作。

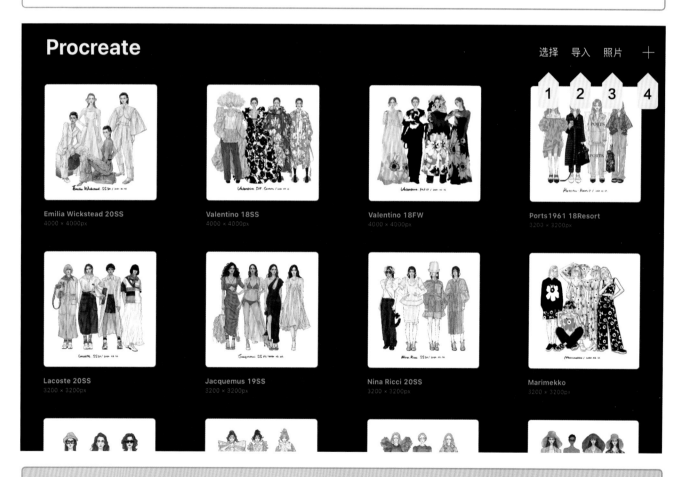

菜单列表（上图 1~4）

在菜单列表右上方可以找到开始创作所需的所有工具：选择、导入、照片和 +（新建画布）。

1. 选择
可任意选择一个或多个文件进行分组、预览、分享、复制或者删除。

2. 导入
可通过 iCloud 导入 PSD 文件，实现了 Procreate 与 Adobe Photoshop 的完美结合。

3. 照片
可在 iPad 照片库里选取所需图片或视频素材，并以此为基础进行编辑。

4. +（新建画布）
新建画布可以根据规定尺寸进行自定义设置，也可以根据国际标准设置 A3、A4 等尺寸。

2.2 快捷手势

可直接用指尖移动画布、撤销、重做、清除、拷贝、粘贴或全屏显示。

Procreate 与 Apple Pencil 合作无间，但不一定只能用它来创作，用指尖一样可以在画布上轻松绘图，例如轻点绘图、涂抹、擦除等工具，就可以轻松实现各种功能。

捏合缩放　　　　　　　　捏合旋转　　　　　　　　快速捏合适应屏幕

双击轻点以撤销　　　　　三指轻点以重做　　　　　四指轻点切换全屏

2.3 速创形状

可以用"速创形状"对基本形状进行快捷编辑，并形成完美形态。

在创建形状时，可以先绘制一条线或某个形状，并保持手指长按画布的动作，数秒后，画布上会迅速形成一条完美的直线、弧线，或一个规整的椭圆形、三角形或者四边形。

2.4 笔刷介绍

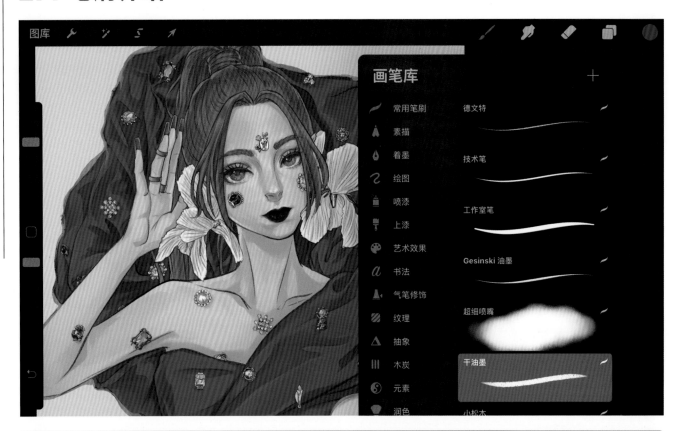

基础笔刷 / 德文特、技术笔、工作室笔、Gesinski 油墨、超细喷嘴		
笔刷样式	**笔迹演示**	**使用场景**
德文特		软件自带的素描笔刷模拟铅笔的效果,带有轻微的颗粒感,适合在绘制草稿阶段使用
技术笔		适用于勾线及绘制款式图阶段,线条轻盈,尖端纤细,灵活度高,使用时可以适当增加流线值
工作室笔		适用于上色阶段的铺底色步骤,线条厚重,尖端圆润,使用时可以适当增加流线值
Gesinski 油墨		适用于上色阶段的明暗刻画步骤,笔头呈椭圆形,线条粗细变化度大,同时也适用于中英文字的书写
超细喷嘴		适用于渐变色的绘制和柔和效果的涂抹,模拟颜料喷洒的质感,色块边缘带有细小颗粒感

肌理笔刷 / 干油墨、小松木、演化、Filler Chalk、Flicks

笔刷样式	笔迹演示	使用场景
干油墨		是应用场景最为广泛的画笔之一，有轻微的颗粒感，能够让整体画面更加真实、生动、充满质感
小松木		线条边缘粗糙，模拟水彩效果，适用于面料肌理的刻画，比如毛呢、羽毛、皮草等表面粗糙的面料
演化		线条边缘粗糙，有强烈的颗粒感，适用于面料肌理的刻画，比如丝绒和亮片等有一定纹理的面料
Filler Chalk		线条边缘圆滑，有轻微的颗粒感，适用于面料肌理的刻画，比如毛呢等西装面料，也适用于涂抹
Flicks		色彩呈现不规则喷洒状，适用于大面积增加画面质感的情况，比如亮片面料和渐变色背景的绘制

水彩笔刷 / 听盒、露兜树、奥德老海滩、Watercolour

笔刷样式	笔迹演示	使用场景
听盒		在基础笔刷的笔形上增加了晕染效果和粗糙边缘，适用于水彩风格插画的细节刻画
露兜树		在基础笔刷的笔形上增加了水彩纸张肌理和粗糙边缘，并加强了透明感，适用于水彩风格插画
奥德老海滩		线条厚重，同时带有晕染效果和颗粒感，在笔迹边缘产生颜色堆叠感，适用于大面积铺色
Watercolour		笔头呈圆形，绘制时有明显的晕染效果，适用于大面积铺色和晕染效果的涂抹

2.5 多区域色彩的填充方法

知识点汇总

■ **图层的概念**

通俗地讲，图层就像是印有文字或图形的透明纸张，一张张按顺序叠放在一起，组合起来形成完整的图像。

■ **阿尔法锁定**

该功能可以把选中图层上的涂色内容进行锁定，开启 [阿尔法锁定] 之后，画笔在涂抹时将无法超出锁定区域。多用于刻画物体明暗或对线稿整体改色。

■ **剪辑蒙版**

该功能是通过使用处于下方图层的形状来限制上方图层的显示状态，达到一种剪贴画的效果。使用效果类似于 [阿尔法锁定]，区别在于前者涉及的图层数量不同。

01 绘制草稿

用 [德文特] 笔刷绘制小熊的外轮廓和主要结构线，点击图层 [重命名] 为草稿。

02 勾勒线条

点击草稿图层上的 [N] 图标降低透明度。新建图层，使用 [干油墨] 笔刷，以流畅的线条对造型线进行勾勒。

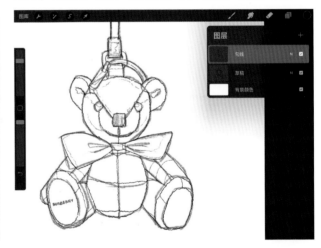

03 使用 [阿尔法锁定] 绘制阴影

新建底色图层，置于最下方，用 [工作室笔] 笔刷绘制小熊的底色。

点击图层开启 [阿尔法锁定] 模式，选择比底色稍深一点的棕色，为小熊绘制阴影。

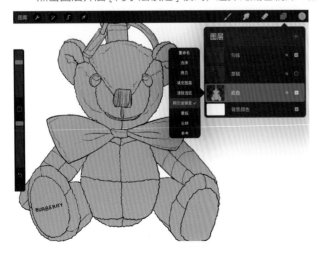

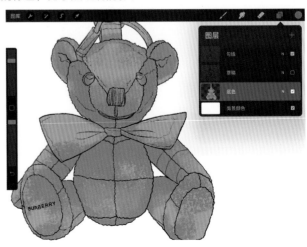

04 使用 [剪辑蒙版] 绘制条纹

新建条纹图层，置于底色上方，用 [干油墨] 笔刷绘制小熊身上的条纹纹理。

点击图层开启 [剪辑蒙版] 模式后，超出底色区域的条纹便被隐去了。

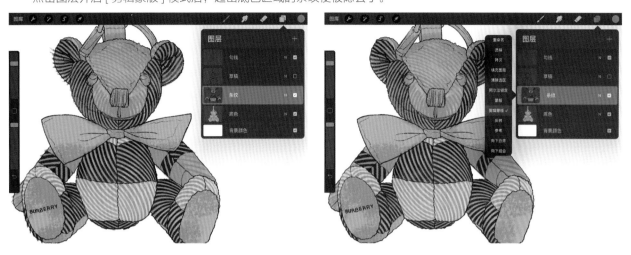

05 使用 [正片叠底] 和 [剪辑蒙版] 上色

正片叠底，是一种常用的图层混合模式。使用该模式来绘制阴影，让暗部更加自然，也可以省去选色的步骤。

新建阴影图层，用 [干油墨] 笔刷吸取小熊的底色，点击 [N] 图标切换到 [正片叠底] 模式，绘制阴影，可以通过调整不透明度来弱化对比。点击图层开启 [剪辑蒙版] 模式，超出底色区域的阴影被隐去。可以看到该模式下的图层前方会有一个箭头，方便绘图者找到相对应的底部图层。

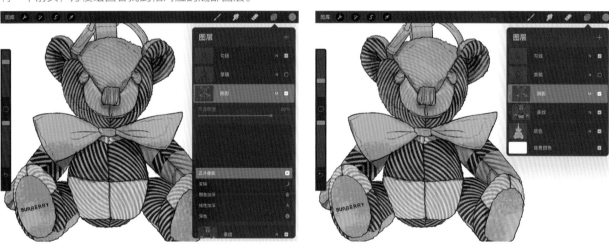

06 完善细节

用 [Gesinski 油墨] 笔刷完成金属配件的绘制。

注意一边画一边对图层进行命名和整理，可以避免因误操作而导致重要图层被删除或合并。

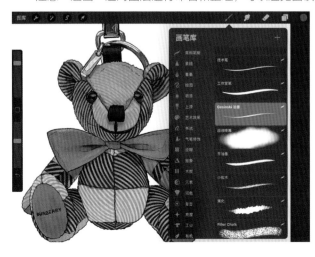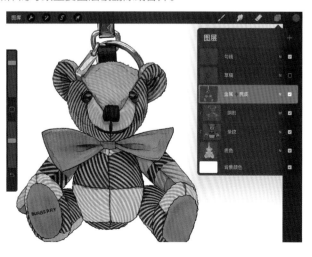

2.6 对称图形的绘制方法

知识点汇总

■ 服装款式图的两种画法
本小节将介绍两种适用于服装款式图绘制的功能，更多服装款式图画法请参阅第 4 章内容。

■ 绘图指引 – 对称
对称功能适用于绘制完全对称的物体，比如人脸、人体和服装款式图。打开对称功能，设置对称线后，在线的一侧进行绘制，另一侧会自动生成镜面的图像。

■ 变换变形 – 水平翻转
该功能同样适用于绘制对称元素，与前者的区别是，左右两边的元素分别在两个图层上。

方法一

01 绘图指引 – 对称
用 [操作 – 插入照片] 置入款式图专用的模特素材，降低该图层的不透明度。

打开 [操作 – 画布 – 绘图辅助]，进入 [编辑绘图指引] 进行设置。

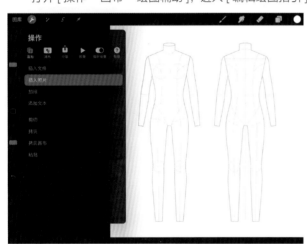
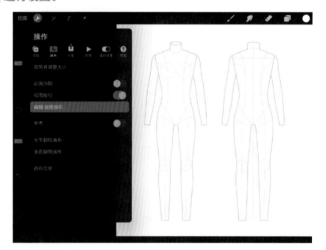

02 设置对称线
在 [绘图指引] 界面中设置对称线，可以调节线条的角度、颜色、不透明度和粗细度。

设置完毕后，确保当前图层上出现了 [辅助] 的小字，在不需要对称功能时可以点击小字关闭图层。

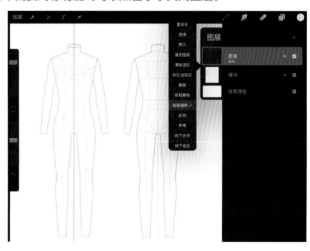

03 服装款式图绘制步骤

使用[技术笔]笔刷在对称线左侧绘制西装外套的主要结构。

关闭图层的[辅助]功能，擦除前片重叠部分多余的线条。

打开图层的[辅助]功能，缩小笔刷尺寸绘制辅助线条。

关闭图层的[辅助]功能，绘制西装上的配件，如纽扣和口袋。

方法二

01 变换变形 – 水平翻转

保留对称线作为参考线，使用[技术笔]笔刷绘制左半边的西装外套，重要结构用粗线条，装饰线迹用细线条。

左滑该图层，选择[复制]，使用[变换变形 – 水平翻转]得到右半边的西装。

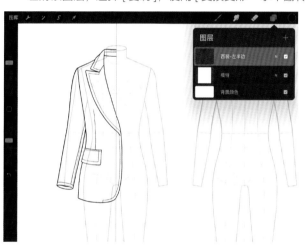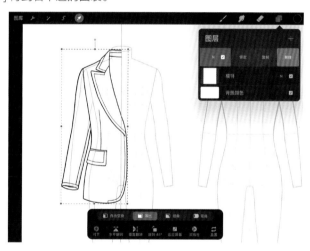

02 完善服装款式图

移动右半边的服装款式图至与左半边对齐的位置，擦除前片重叠部分多余的线条。

绘制西装上的配件和衣褶，并用相同的方法得到西装的背面。

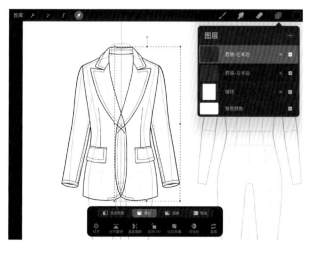

2.7 循环纹样的制作方法

知识点汇总

■ **图案调色的两种方法**
本小节将介绍两种适用于调色的功能，更多图案画法请参阅第 6 章内容。

■ **调整 – 色相、饱和度、亮度**
色相、饱和度和亮度是色彩的三个属性。简单来说，色相指色彩的样貌，比如红色、黄色、蓝色等；饱和度指色彩的鲜艳程度；明度指色彩的明暗程度。

■ **调整 – 渐变映射**
渐变映射的原理是保留图案的明暗关系，重新上色。渐变映射中有一个颜色渐变条，渐变色从左到右对应着对象图案的暗部、中间调和高光区域。

01 绘制花卉元素

使用 [Gesinski 油墨] 笔刷绘制形状和大小各异的花卉元素。

打开 [选取 – 手绘] 框选出用于拼图的元素进行 [拷贝或粘贴]。

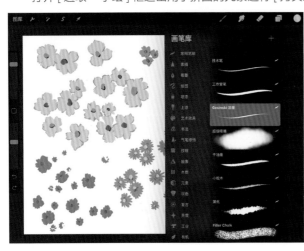
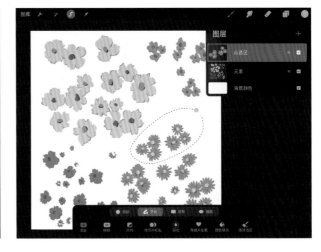

02 组合元素

大量拷贝花卉元素，选择部分元素进行缩放和旋转，减少图案的重复，使画面更加生动。

确定了现有元素的分布位置后，点击图层选择 [向下合并]，以减少图层数量。

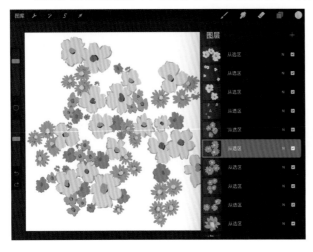
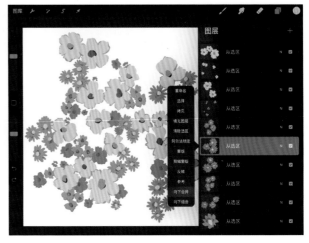

03 完善画面

合并所有元素后得到一个完整的组合形态，在下方新建图层补充叶子，减少画面的留白。

用同样的方法将花叶组合填充满整个画面，新建背景色图层，记得为初始的元素图层备份。

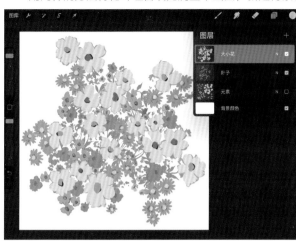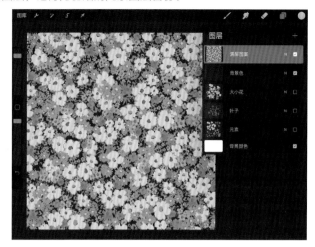

04 调色方法一

使用 [调整 – 色相、饱和度、亮度] 对图案进行调色。

调整工具一次只能对一个图层使用，所以在调色前要将所有涉及到的图层合并。进入调整的界面后，在下方悬浮着三个色条，分别对应色彩的三个属性，拖动按钮即可完成操作。

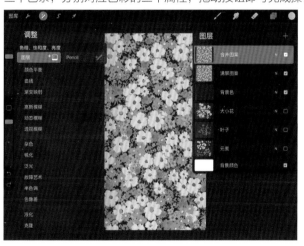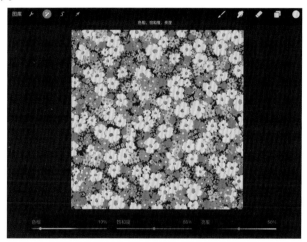

05 调色方法二

使用 [调整 – 渐变映射] 对图案进行调色。

调整工具一次只能对一个图层使用，所以在调色前要将所有涉及到的图层合并。进入渐变映射的界面后，在下方悬浮着软件自带的各种渐变色条，点击色条即可完成操作，也可以自行调整颜色组合，或者创建新的色条。

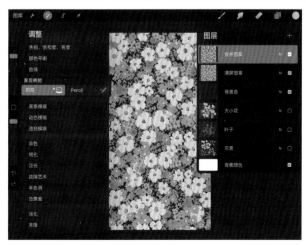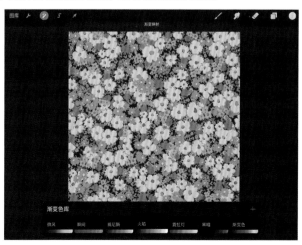

2.8 图案填充的制作方法

知识点汇总

■ **贴图的两种方法**

本小节将介绍两种适用于贴图的功能，更多的贴图案例请参阅第 6 章内容。

■ **正片叠底**

正片叠底，是一种常用的图层混合模式。该功能可以被理解为，将所有图层的色彩叠加，混合成为更深的颜色。

■ **剪辑蒙版**

该功能是通过使用处于下方图层的形状来限制上方图层的显示状态，达到一种剪贴画的效果。

01 贴图方法一

使用 [技术笔] 笔刷绘制完整的服装款式图线稿，具体画法参考 2.6 小节内容。

用 [操作 – 插入照片] 置入碎花图案，将图案等比缩放到合适大小，使其能够完全覆盖线稿。

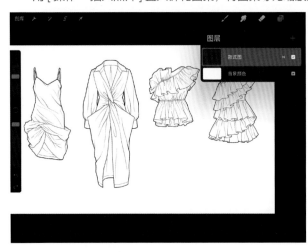
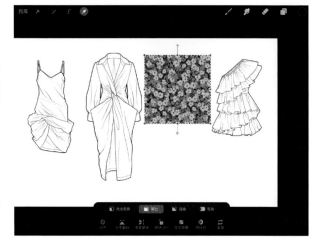

02 使用 [正片叠底]

点击图案所在图层，打开 [正片叠底] 模式，将图层和线稿叠加在一起，用橡皮擦擦除超出线稿的图案。

正片叠底可以被理解为，将所有图层的色彩叠加，混合成为更深的颜色；当绘制白色时，白色不被显示。

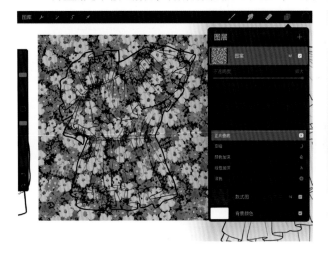

03 贴图方法二

在线稿图层下方新建图层，用［工作室笔］笔刷为服装绘制底色。

用［操作－插入照片］置入碎花图案，将图案等比缩放到合适大小，使其能够完全覆盖线稿。

04 使用［剪辑蒙版］

点击图案图层开启［剪辑蒙版］模式，超出底色区域的图案被隐去。

消失的图案并没有被清除，而是不予显示，通过图层栏上的缩略图可以确认。使用［变换变形］功能可以进一步调整图案的大小，这是该功能具有的优势。在方法一中，擦除的图案不能复原，若想调整大小，必须重做。

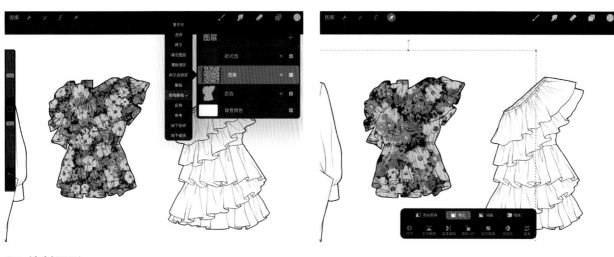

05 绘制阴影

使用相同的方法对其余三件服装进行贴图。

在图层栏中可以看到，每件服装都有一个底色图层和一个图案图层。图案图层置于底色之上，前端有一个小箭头，标出两者之间的关联性。最后，合并图层，新建图层绘制阴影，增加服装的立体感。

时装画人体基础

　　在时装画中，人体是进行设计创作的支撑和载体，画中描绘了人的着装状态，创作者可以通过准确的人体比例表达设计风格及款式特征，也可以通过对人体比例的夸张和变形来进行创意设计。不准确的人体结构会严重降低时装画的品质，影响创作者表达的设计想法。

　　在绘制时装画时，人体比例和头部的表现既是重点也是难点。因此本章从人体比例开始，延伸至人体动态，再从头部的角度与透视，延伸到五官比例与位置，最后到发型，详细表述各部分的绘制技巧与方法。

扫以下二维码，付费看本章相关教学视频

人体的比例与动态

脸部的刻画

3.1 时装画人体

人体比例的关系直接影响到服装效果图在画面上呈现的效果，人体比例可以用头长和身高的比例来辅助测量，不同的比例标准形成不同的时装画风格。在绘制成年人标准人体效果图时，一般会以 9 个头长身高为基础，下巴到腰部 2 个头长，腰部到臀部 1 个头长，臀部到脚底 5 个头长。

女性人体基本比例

在绘制女性人体时需要了解女性身材特点，表现女性柔美曲线。从正面看，头呈椭圆形，脖子细长，锁骨明显，肩膀窄小且平直，胸部挺拔，腰节细长，盆骨较宽；从侧面看，女性人体呈 S 状，胸部和臀部较为凸出，小腹略微鼓起。在绘制人体时，线条需要圆顺且流畅，画面中不要出现明显的棱角。

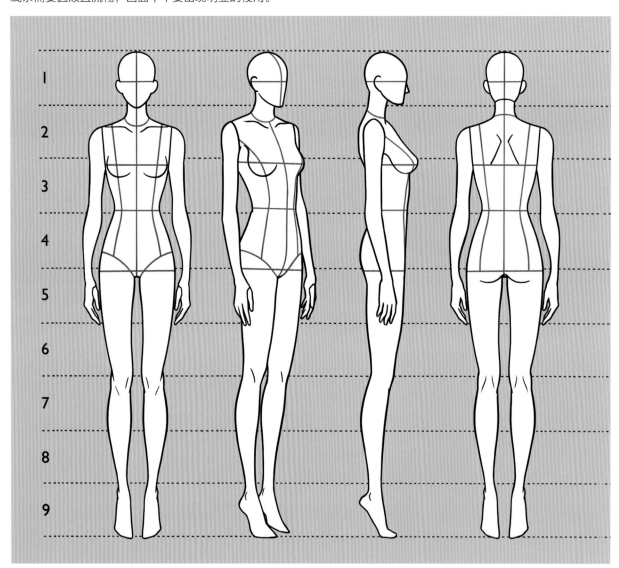

男性人体基本比例

从正面看，男性头部较方，肩部宽大，斜方肌明显，胸膛宽厚，臀部较小，肌肉结实，四肢较为粗壮有力量；从侧面看，男性人体较为平直，曲线变化较小。因此在绘制时，线条要挺括刚硬，体现男性的阳刚之气。

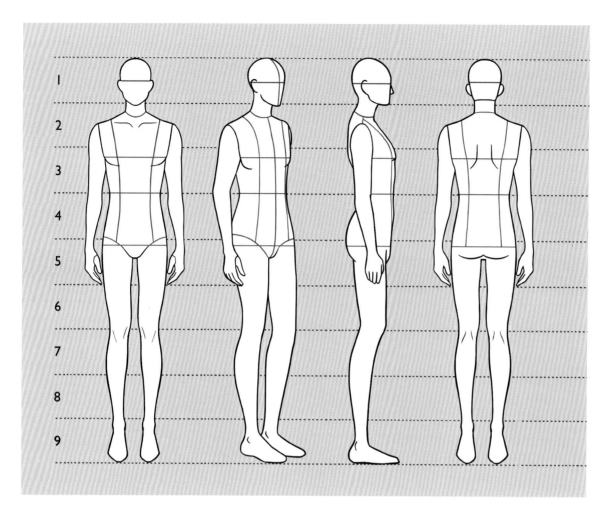

儿童人体基本比例

　　身处发育时期的儿童通常头部偏大，且不同年龄阶段的儿童其头长与身高的比例也不相同。一般来说，幼童时期的身高为 5 个头长，儿童时期的身高达 6 个头长，少年时期身体发育比较明显，身高增长为 7 个头长，到了青年时期则与成人比例较为接近，身高可达 8 个头长。

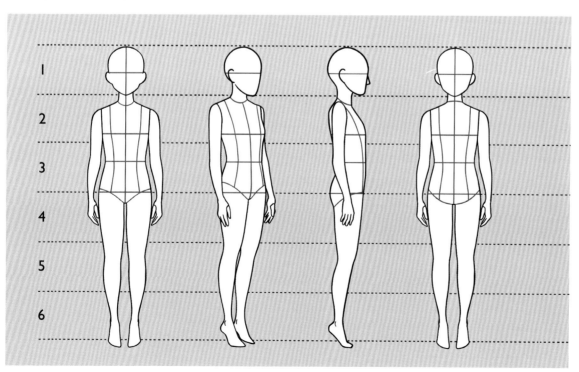

3.2 人体动态

由于大多数服装的设计点都集中在正面，因此服装效果图较为理想的姿态也是正面或3/4侧面。在绘制人体动态时，需要把握好站姿的重心，保持人体平衡，不倾斜。在把握住重心平衡后，则需要利用前中心线的变化得到丰富的曲线造型，值得注意的是前中心线并非重心垂线，而是前躯干的中点连线。

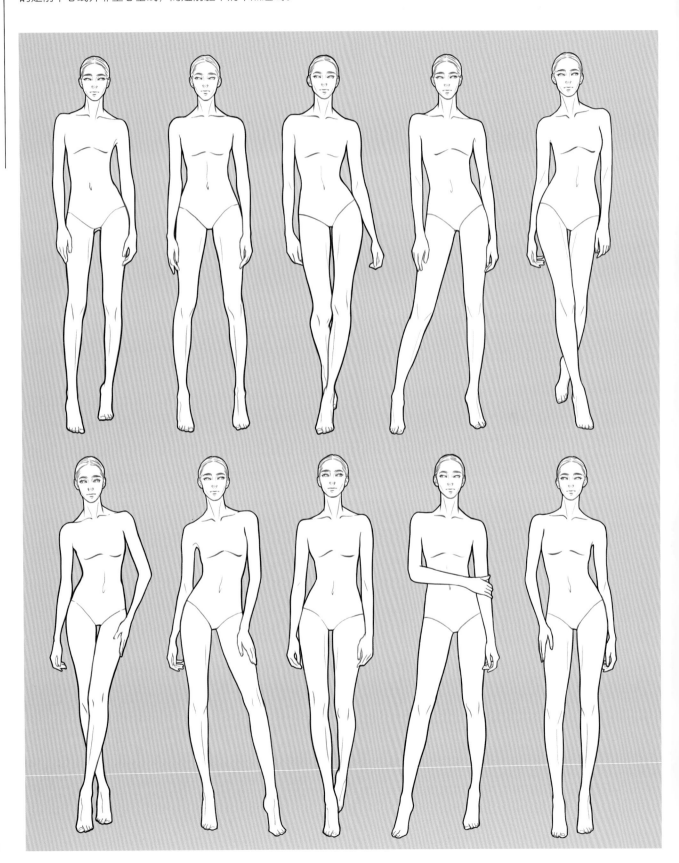

3.3 头部绘制

    时装画中的人体头部和脸部是整体画面的点睛之笔，模特的脸型、五官比例、以及发型都会影响到时装画风格。因此在绘制写实风格的时装画时，头部的五官（包括眼睛、眉毛、鼻子、嘴、耳朵）需要遵从"三庭五眼"的比例关系；在绘制写意或抽象风格的时装画时，可以按照创作者的需求对五官进行夸张或简化。

段落

头部角度与透视

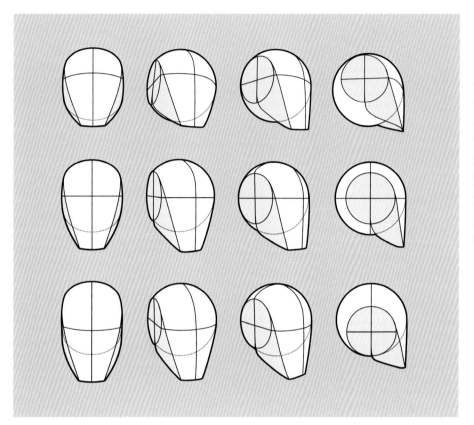

    头部的角度影响到整体的透视关系，常见的头部角度分为仰视、平视和俯视。仰视角度五官位置会变高，额头变窄，耳朵位置相应降低；平视角度五官位置遵循"三庭五眼"的位置大小关系进行分布；俯视角度五官位置向下排列，额头变宽，耳朵位置相应提高。注意把握这些透视变化，特别是头部中线、五官辅助线的变化规律。

三庭五眼

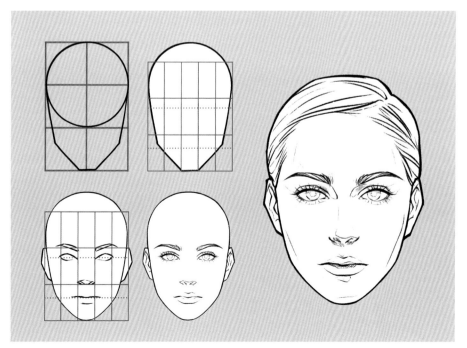

    "三庭五眼"是指脸部在平视状态下所描绘出的比例关系。将人脸沿纵向平均分为 3 个部分，分别是从发际线到眉线为一庭，眉线到鼻线为一庭，鼻线到颚底线为一庭；横向平均分成 5 个部分，以一个眼睛的长度为单位，眼梢到左右耳际共两个眼睛的宽度，鼻子为一个眼睛的宽度，眼睛本身两个宽度。

五官绘制·眉眼

　　眉毛与眼睛是表达情感的窗口，其中眼睛的结构最为复杂，包括内外眼角、上下眼线、上下睫毛、眼白、虹膜、瞳孔以及泪腺等。眼球是一个球体，虽然被眼皮遮住了一部分，但在绘制时装画时，还是需要用球体的透视来绘制眼睛。

01 绘制草稿

　　绘制眉眼的外轮廓，眉毛用两根线确定角度，眼睛呈平行四边形。

02 勾勒线条

　　用平滑的线条对草稿进行勾勒，确定眉眼的形状，注意眼皮的厚度。

03 增加细节

　　画出眉毛、睫毛、瞳孔、眼球的明暗交界线和眼窝的阴影区域。

04 明暗刻画

　　用排线的方式刻画细节。眉尾比眉头线条更浓密，眉头比眉尾线条更分明；眼睛部分的排线有透气感，绘制时调低笔刷的透明度。

五官绘制·鼻子

　　鼻子是体现脸部立体感的重要组成部分，主要包括鼻根、鼻梁、鼻翼、鼻尖、鼻孔等结构。在绘制时装画时，通常会省略某些部分，结构越简单越好，但需要绘制出鼻中、鼻孔和鼻翼，再通过颜色表现出鼻子的立体感。

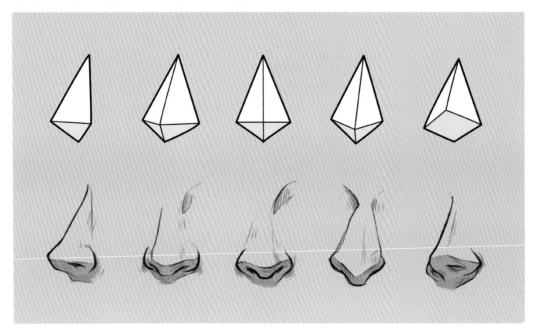

五官绘制·嘴唇

嘴唇主要由上唇、下唇、唇峰、唇谷和唇角构成。时装画中，嘴唇的绘制也以简洁概括为主，通常正面嘴唇用两根线来表示，虽然看上去简单，但也是建立在嘴唇结构上来绘制的，再通过上色表现嘴唇的整体效果。

五官绘制·耳朵

耳朵主要包括耳轮、耳垂、耳屏、耳甲腔、耳甲艇等，由于其位于头部两侧，且时常被头发遮住，因此是五官中最容易被忽略的部位。在绘制耳朵时通常是先画出外轮廓线，再画几根内部结构线，即可简洁明了地表达出耳朵的结构。

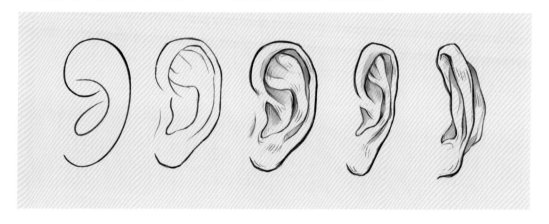

小技巧分享：

如何选择笔刷？

以上范画使用［干油墨］笔刷，略带颗粒感的粗糙质地为线稿增加了手绘感。如果偏好光滑效果的话，推荐使用［技术笔］笔刷。

小技巧分享：

如何抓住模特的面部特征？

面部特征可以简单地分为脸型和五官。能够把握住脸型和眼型，就等于成功了一大半。其中，眼型包括眼高、眼长、眼距和眼睛的倾斜程度。除此之外，五官的布局、鼻头形状和唇形也是面部特征的次要决定因素。

总之，形准是画好一切的基础，多多练习吧！

高马尾绘制步骤

　　马尾辫是女性的经典发型之一，且一直保持着较高的流行度，高马尾的造型可以充分展示出模特的脸型和精致的五官，顺直的头发散落在肩部，让整体造型既显年轻有活力，又不失干练果敢的气质。在绘制高马尾造型时，需要注意头发的层次和走向，处理好疏密和穿插关系。

01 绘制基本轮廓

02 绘制发丝的走向

03 确定主要轮廓

04 完成勾线

05 细节刻画

小技巧分享：

如何赋予头发丝生命力？

　　可以先用 [Gesinksi 油墨] 笔刷绘制出头发的走向，甩动幅度可以略大一些，营造动态美感，再确定主要轮廓，最后沿着笔迹的轮廓进行勾线。

双丸子头绘制步骤

双丸子头造型是近年来流行的新发型，深受少女们喜爱，显得青春俏皮，十分可爱。通常，丸子头是先梳一个基底的辫子，然后绕成一圈，绑成丸子造型，最后再调整蓬松度。在绘制丸子头发型时需要着重体现丸子部分的量感，将发髻之间的穿插和叠压关系整理清楚，以便更好地表现整个发型的体积感。

01 绘制基本轮廓

02 绘制发丝的走向

03 确定主要轮廓

04 完成勾线

05 细节刻画

小技巧分享：

塑造多发量女孩！

众所周知，插画中的女孩总是拥有海藻般浓密的头发。增加发量可以在视觉上缩小脸部面积，也能营造活泼元气的感觉。

短发绘制步骤

短发造型通常给人清新、简约的时尚气质，一般短发会在发尾处修剪出层次，搭配不同的发色，可以营造出不同的气质。在绘制短发时，需要处理好头发的叠压关系与整体量感，同时注意头发与五官的遮挡关系，以及头发边缘与皮肤的关系，需要轻松处理，不能过于死板。

01 绘制基本轮廓

02 绘制发丝的走向

03 确定主要轮廓

04 完成勾线

05 细节刻画

小技巧分享：

发掘个人专属的头像风格！

绘画风格与画师的审美息息相关，出自同一画师笔下的头像会有一定的相似性。浓眉、大眼、厚嘴唇，都可以成为你的专属特色。

中长卷发绘制步骤

中长卷发造型会让人显得温柔婉约，可巧妙利用碎发修饰发际，微微卷曲的发尾自然散落在肩部，营造出甜美可人的优雅形象。在绘制长卷发时，需要有意识地将头发进行分组，注意头发的层次和走向，处理好疏密和穿插关系，并且可以加入一些发饰作为点缀。

01 绘制基本轮廓

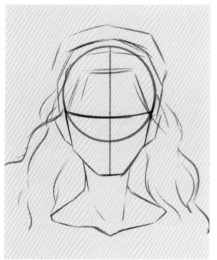

02 绘制发丝的走向

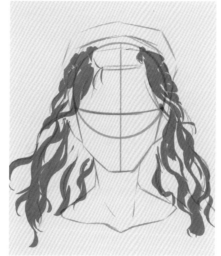

03 确定主要轮廓

04 完成勾线

05 细节刻画

小技巧分享：

如何使头部造型更丰富？

尽可能挑选体量大或者拥有细节的发型，比如卷发、辫子和盘发等。另外，可以增加配饰，发饰和耳环都是不错的选择。

头像上色示例一

在示例一中，模特拥有一头及肩的棕色卷发，头顶部分有两股发辫，分别从两侧挽于脑后；妆面追求自然效果，配色柔和自然，偏橘粉色；搭配结构复杂的珍珠头箍和珍珠耳环。上色的过程按照脸部、头发和配饰的顺序依次进行。除了三者的单独刻画，也可以将头部作为整体一起上色。

01 脸部上色

- 用［工作室笔］笔刷吸取皮肤色板中浅色的肤色打底。
- 用［干油墨］吸取较深肤色，为眼窝、鼻底、唇底、两颊、额头、脖子上的投影着色；用［超细喷嘴］在两颊上绘制腮红。
- 用［干油墨］绘制瞳色、妆容和高光，排线增加肌理感。

02 头发上色

- 用［工作室笔］笔刷吸取头发色板中间段的棕色打底。
- 用［干油墨］根据线稿标识的分区上阴影，将头发概括为块面结构，用［超细喷嘴］统一发尾颜色。
- 明暗交界线两边用深浅色对比加强结构，排线增加发丝质感。

03 配饰上色

- 用［工作室笔］笔刷吸取米白色打底，为高光预留对比空间。
- 用［工作室笔］根据线稿标识的分区上阴影，突出珍珠的块面感，配合涂抹笔刷完成颜色过渡。
- 高光分为点状和块状，可以大量使用白色来加强珍珠的光泽。

珍珠色板

头发色板

皮肤色板

勾线笔刷 / 干油墨

干油墨

上色笔刷 / 工作室笔 & 超细喷嘴

工作室笔

干油墨

超细喷嘴

涂抹笔刷 / Watercolour

Watercolour

头像上色示例二

在示例二中，模特的黑色直发高扎于头顶，发丝随意地扬起，造型感强；肤色偏小麦色，妆面突出眼、唇，上扬的眼妆增加了攻击性；搭配金属发圈和环状的镶钻金属耳环。上色的过程按照脸部、头发和配饰的顺序依次进行。头像的整体色调偏暗，绘制高光后更能突出金属配饰的质感。

01 脸部上色

■ 用［工作室笔］笔刷吸取皮肤色板中浅色的肤色打底。

■ 用［干油墨］吸取较深肤色，为眼窝、鼻底、唇底、两颊、额头、脖子上的投影着色，配合涂抹笔刷完成明暗过渡。

■ 用［干油墨］绘制瞳色、妆容和高光，排线增加肌理感。

02 头发上色

■ 用［工作室笔］笔刷吸取头发色板中间段的棕色打底。

■ 用［Gesinski 油墨］根据线稿标识的分区上阴影，将头发概括为块面结构。

■ 用［Gesinski 油墨］吸取浅发色沿着明暗交界线排线。

03 配饰上色

■ 用［工作室笔］笔刷吸取古金色打底，以灰色覆盖钻石部分。

■ 用［Gesinski 油墨］绘制阴影，通常金属制品的明暗对比非常强烈，并且会受到环境色的影响。

■ 耳环的高光分布在金属边缘，钻石上的高光细小且密集。

头发色板

皮肤色板

首饰色板

勾线笔刷 / 干油墨

上色笔刷 / Gesinski 油墨

涂抹笔刷 / Watercolour

服装款式图绘制技法

　　从服装设计角度来看，款式、面料和色彩是服装构成的三大要素。其中，款式即式样，是服装的形状要素，能够准确表达服装的廓形和结构，是本章的重点。关于服装款式的分类，可按廓形分为 A 形、Y 形、T 形、O 形、X 形和 H 形，也可以按服装品类分为 T 恤、衬衫、西服、大衣、风衣、连衣裙、裤子、裙子等。本章会结合不同款式的特点，详细介绍其对应的结构和工艺绘制技巧。

扫以下二维码，付费看本章相关教学视频

 服装平面款式图的绘制

 褶皱分类与基本绘制技巧

 褶皱设计绘制示范

4.1 服装款式图概述

服装款式图（Technical Drawing）是将服装的实际结构、外部轮廓、款式细节、工艺设计、颜色表现、面料材质等内容用平面且直观的形式表现出来。与服装效果图相比，服装款式图更加需要符合实际的制作需求，能指导生产与制作，因此，严谨性和准确性是服装款式图的重要特征。

人体比例

比例准确是绘制服装款式图的基本前提，服装款式图与服装效果图对人体比例的要求不同。服装效果图往往从审美角度出发，对人体比例进行拉伸和美化，但服装款式图主要就是为了与版师进行生产上的沟通，因此画面中的人体比例需要与成衣比例保持一致。

服装廓形

　　服装廓形（Silhouette）是服装外部造型的剪影，是服装经过抽象化的整体轮廓，也是服装造型的基础。服装廓形是区别和描述服装的重要特征，一般可以通过字母形、几何形和物象形进行分类，其中按字母形主要可分为六种常见廓形：A 形、Y 形、T 形、O 形、X 形和 H 形。

A 形　　　　Y 形　　　　T 形

O 形　　　　X 形　　　　H 形

A 形

A 形，这种造型也称正三角形，流动感强，富有活力，A 形是通过修改肩部线条，使上衣合体，且同时具有夸张下摆的圆锥状服装廓形特征。

Y 形

Y 形，也称为倒三角形，肩部较宽，下面逐渐变窄，整体上形成一种外形夸张、有力度的感觉，给人豪迈、健美、洒脱、干练的印象。

T 形

T 形，这种造型也称倒梯形，强调肩部造型，具有大方、洒脱、阳刚的男性特征，更适用于外套品类。

O 形

O 形，这种造型呈椭圆形，其特色是肩部、腰部以及下摆处没有明显的棱角，尤其是腰部线条松弛，不收腰，其外形看上去饱满、圆润。

X 形

X 形，是最具女性曲线魅力的廓形，造型特点是根据人体的体型塑造较宽的肩部、收紧的腰部和自然的臀型，体现柔和、优美、流畅的女性特征。

H 形

H 形的造型特点是平肩、不收腰、桶型下摆，通过放宽腰围，强调左右平衡，具有修长、简约、宽松、舒适的特点。

4.2 服装款式图的绘制

　　服装款式图的绘制分为三个步骤，包括轮廓线绘制、内部结构线绘制和衣纹线表达。轮廓线要简化、概括、准确地表现出服装比例。内部结构线需要严谨地确定每个部分的结构分割和设计要点，并且用不同的线条区分不同的工艺效果，例如实线表示分割线，虚线表示缝纫线。一般可用较粗的线条表示外部轮廓线，用相对较细的线条表示内部结构线。衣纹线主要应用在针织等有明显肌理的面料上，或者用于表现磨毛、猫须、破洞等后整理工艺效果。

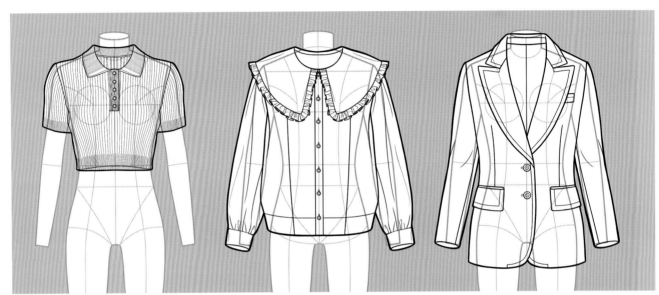

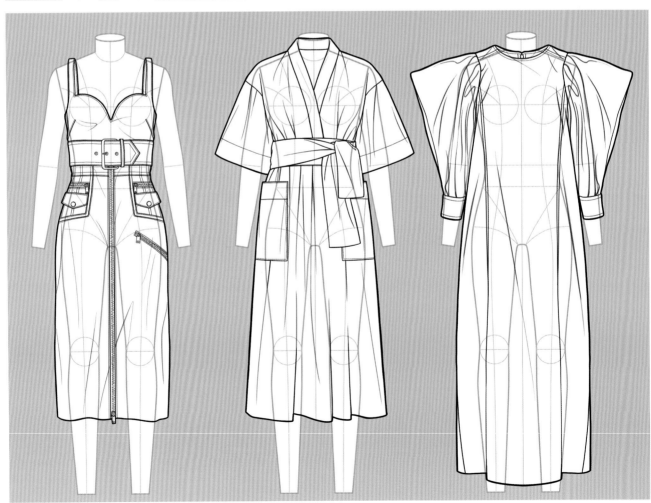

总体来说，服装款式图的绘制要求极为严格，不仅需要强调服装的实际比例与结构，而且需要精确绘制服装的制作工艺，例如抽绳、荷叶边、司马克花褶等装饰工艺，以及拉链、铆钉、气眼等服装辅料，保证图纸在生产流程的每个环节都能清晰地表达设计者的意图。

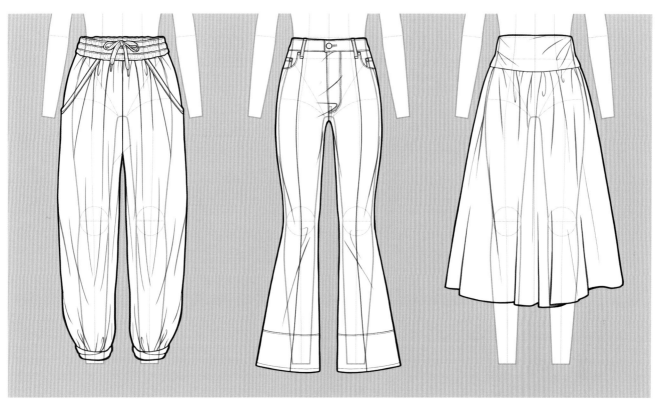

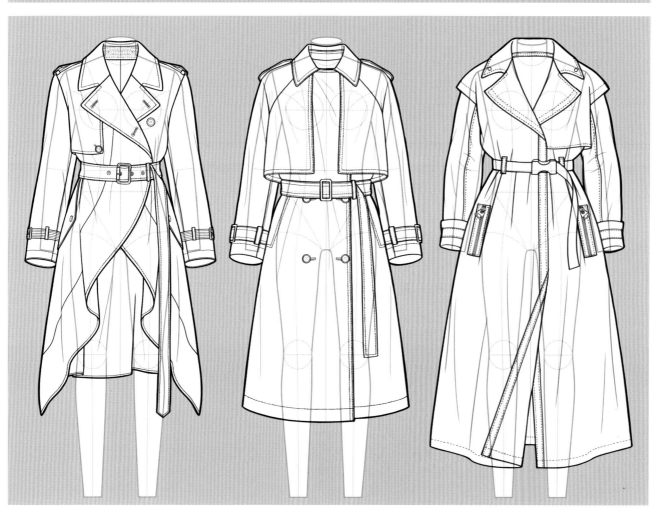

连衣裙

连衣裙按穿着场景，可以分为礼服裙、通勤裙和休闲裙。礼服裙以 X 形和 A 形为主，突出女性曲线，适合聚会场合穿着；通勤裙以 H 形和 A 形为主，通常沿用衬衫版型，简洁干练，适合偏正式场合穿着；休闲裙则以 H 形和 O 形为主，版型宽松，适合日常穿着。

上衣

上衣主要包括 T 恤、衬衫、卫衣、开衫、背心等品类。不同的品类由于其制作工艺不同，使用到的绘制技巧也不相同，尤其需要注意罗纹领、花边、荷叶边、蝴蝶结以及针织肌理的表现，此外还需要善于运用压褶、抽褶等表现服装的体量感与宽松度。

西装外套

　　西装外套是服装款式中的较为正式的单品之一，因此更需要工整、严谨地进行绘制。西装外套常见的领型有平驳领、戗驳领和青果领，经过设计改良的款式包括无领、连身领或者立领。绘制西装时不要忽略驳折线的绘制，大身的分割线也需要考虑其位置的准确性与美观性。

裙子

　　裙子按照腰线的高低可分为中腰裙、低腰裙、高腰裙等。设计裙子时可选择的面料范围广，因此在绘制款式图时需要用线条准确表达不同材质的特点。例如，可以用硬挺、厚重的线条表现牛仔裙、皮裙的质感；可以用柔软、细碎的线条表现丝绸裙、棉麻裙的轻盈和垂坠感。

裤子

　　裤子按其长度可分为长裤、九分裤、七分裤和短裤等，按外观造型可分为休闲裤、运动裤和直筒裤等。通过裤腰和口袋的设计可以区分裤子功能和风格，例如带裤襻的腰头多为直筒裤或休闲裤的设计，带松紧抽绳的腰头多为运动裤的设计，带立体口袋的裤子多为工装休闲裤的设计。

风衣

　　风衣适合春、秋、冬三季穿着，是经典、耐穿的实用单品。在绘制风衣品类时首先需要把握好风衣的整体比例、衣长与人体的关系，其次是对细节的深入刻画，从扣子、扣眼，到肩襻、袖襻、腰带的细致表达，风衣使用的工艺和辅料较多，需要设计师耐心严谨地进行绘制。

夹克

　　夹克是上半身穿的衣服，通常延伸到臀部，在前片或侧面有腰带收紧，突出腰部线条。相较于其他服装款式，夹克更具阳刚之气，是不少潮酷女孩的必备单品。在绘制夹克时，用线需要挺括、有力量，尤其需要注意细节如拉链、铆钉、日字扣、D 形环的绘制。

4.3 服装部件的绘制

　　服装部件细节的设计关系到服装的造型及美感，主要表现在领子、袖子、口袋、肩部和腰部等重要位置。每一件服装单品都可拆分为多个独立部件，而服装部件的绘制也影响到服装整体的风格，因此需要深入刻画每个部件细节。

领子

　　领子处于服装最上方的醒目位置，样式繁多，映衬着穿着者的脸型。衣领按制作结构主要分为连身领、装领和组合领。其中连身领包括无领设计和连身领设计，装领设计包括立领、翻领、驳领和平贴领四种，组合领是概念性较强的领型，一般用于创意服装中。

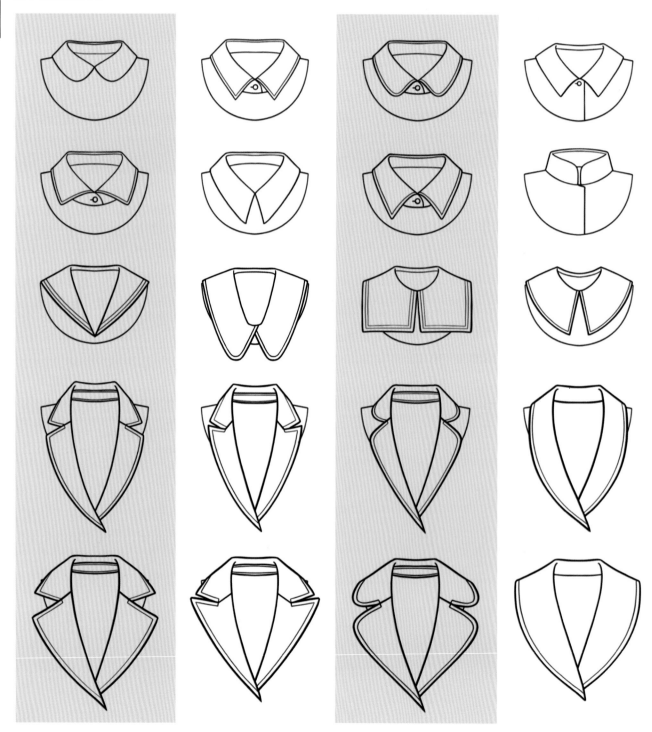

袖子

　　袖子的设计主要包括袖山设计、袖身设计和袖口设计三个部分，如果设计不合理，则会限制人体上肢的活动。袖子在服装上所占比例较大，其形状要与服装整体相协调，同时需要讲究装饰性和功能性的统一。袖子按长度可分为无袖、短袖、七分袖和长袖等，从外观上可分为圆袖、紧身袖、灯笼袖和喇叭袖等。

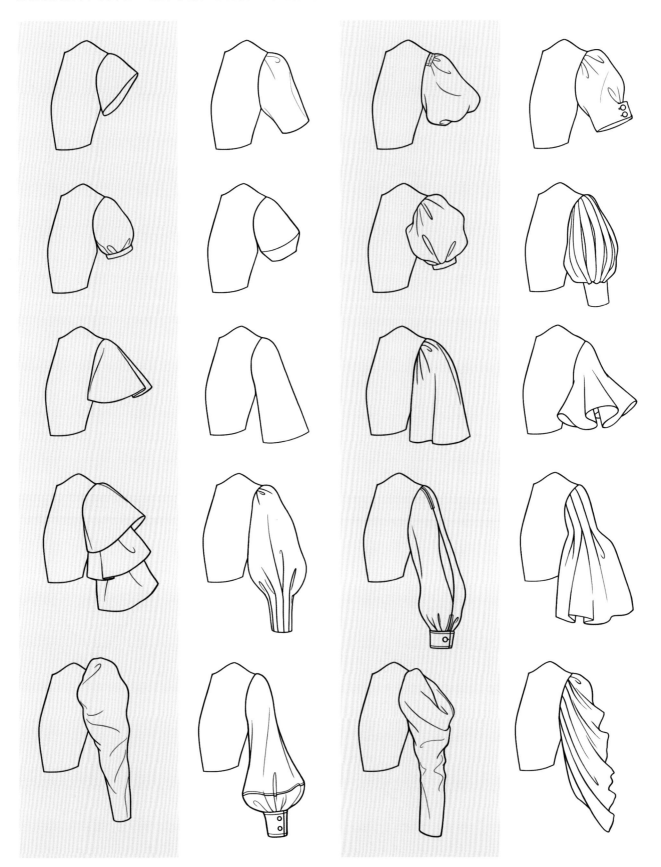

袖口

　　袖口指袖子的边缘，主要包括袖克夫和袖衩两个部分。袖克夫有不同的风格，如常见的衬衫式袖克夫、具有设计感的异形袖克夫等。袖衩按其制作的难易程度分为宝剑头袖衩（多用于男性衬衫袖口）、平袖袖衩（多用于女性衬衫袖口）和极具创意的异形袖衩。

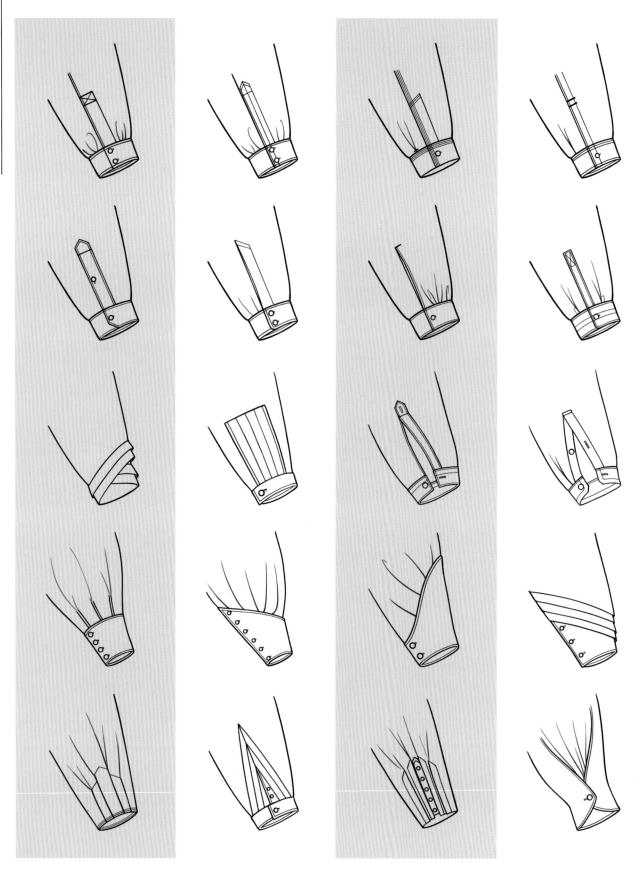

腰头

　　腰头指裤子或裙子腰部的带状部件，位于上下身的分割线上，可以充分地展现出女性纤细的腰肢，调节人体比例，是服装设计中不可忽略的部件细节。腰头的绘制需要注意其对应的缝制工艺，例如压褶的表现，抽绳、松紧带的画法以及腰襻的细节刻画。

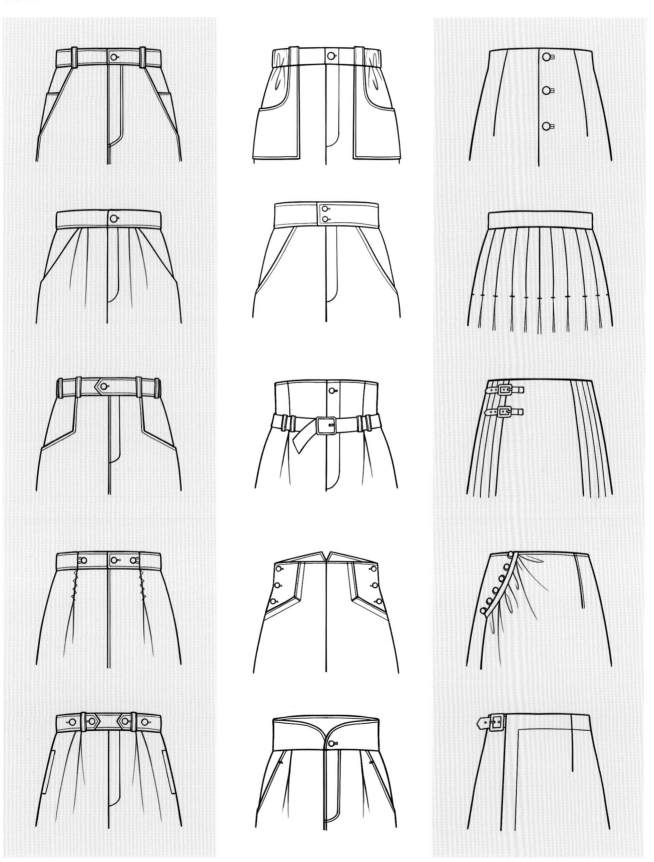

口袋

　　口袋具有实用性和装饰性两大特点。实用性口袋主要体现在它的功能上，可以随身收纳多种小件的物品；装饰性口袋以装饰为主、功能为辅，主要体现在它的外观效果上。口袋按其结构特点常分为贴袋、插袋、嵌袋、立体口袋和异形创意口袋等，在创作时需要注意纽扣、拉链等辅料的绘制。

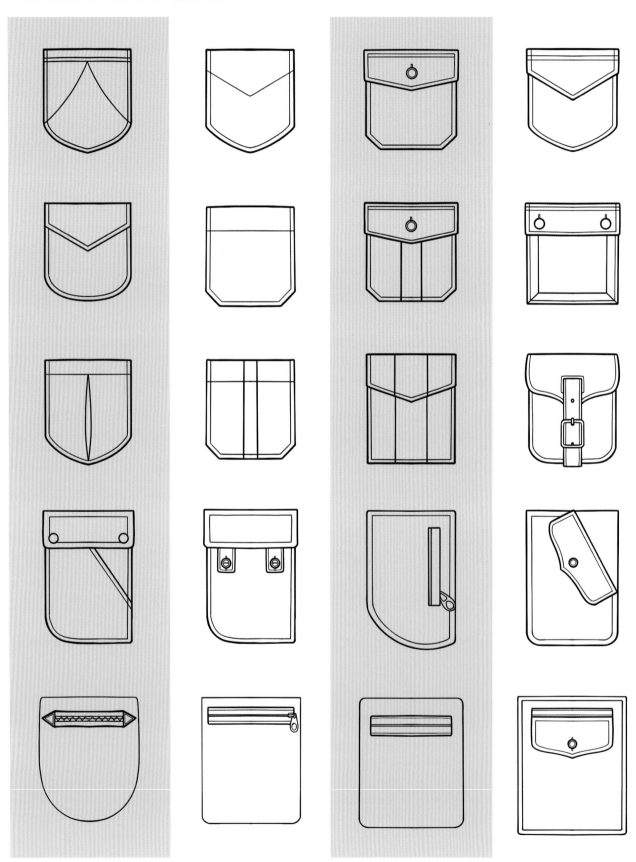

4.4 服装褶皱的绘制

在现代服装中，细节的表现已经越来越受到人们的重视。设计细节可以体现在多个方面，如各种褶皱，包括自然褶、工艺褶、荷叶褶、缠裹褶、抽褶、机器褶等，它们给服装增加了设计点，体现了不同的设计风格，同时也提升了服装的整体美感。

自然褶

自然褶是指面料在重力的影响下自然下垂时所形成的褶皱，其形态随机，形状不规则，具有慵懒随意的风格。在绘制时，可以多用流畅且顺滑的弧线进行表达，干净利落，简洁明了。

工艺褶

工艺褶是指为了增加服装的廓形体量而穿插在服装结构中的褶裥，相较于自然褶，它是有规律的、按一定的方向挤压而形成的褶皱。因此在绘制时，可以用较短且细碎的线条表示褶量。

荷叶褶

　　荷叶褶是指褶皱边缘呈现出的荷叶状，在女装上的应用极为广泛。荷叶褶常常用在裙子的底摆、上衣的底摆、袖口、领口等位置，大面积松散开的荷叶褶在层次上更加丰富、个性化，营造出柔和可爱的设计风格。在绘制时，笔刷的选择和线条的绘制可根据面料的特性进行变化。

荷叶褶绘制步骤

01 绘制草稿

　　确定服装的体量，绘制外轮廓，用弯折的波浪线表现荷叶褶边缘的变化。注意腰线的位置和荷叶褶宽度。

02 勾勒线条

　　使用［技术笔］笔刷，用平滑的线条对草稿进行勾勒，并对外轮廓线进行加粗。在裙摆的褶皱部分，离褶皱缝合处近的线条弯折更剧烈。

03 增加细节

　　调低笔刷的透明度，从荷叶褶边缘的弯折点出发对应到缝合部分绘制褶皱线条，并在缝合处用弯钩形线条表现面料的起伏。

荷叶褶服装款式图

荷叶褶服装款式图

缠裹褶

缠裹褶是指将服装面料通过包裹、穿插、缠绕等方式进行固定，随后形成的自然褶皱，在女装连衣裙款式中常有使用。在设计时常在腰部、胸部等位置，利用面料较好的悬垂感，呈现自然、随性的褶量。在绘制时需要从包裹的中心出发向外扩散，并且按规律分组进行绘制。

缠裹褶绘制步骤

01 绘制草稿

确定服装的体量，绘制外轮廓，用简洁的线条表现缠裹面料的穿插结构。注意腰线的位置、开衩的高度和面料堆叠的褶量。

02 勾勒线条

使用［技术笔］笔刷，用平滑的线条对草稿进行勾勒，并对外轮廓线进行加粗。褶皱从腰部向四周散开，裙摆的侧边线条会有细小的起伏。

03 增加细节

调低笔刷的透明度，从缠裹结构的中心向四周绘制褶皱线条，注意面料堆叠部分的线条曲率变化。

缠裹褶服装款式图

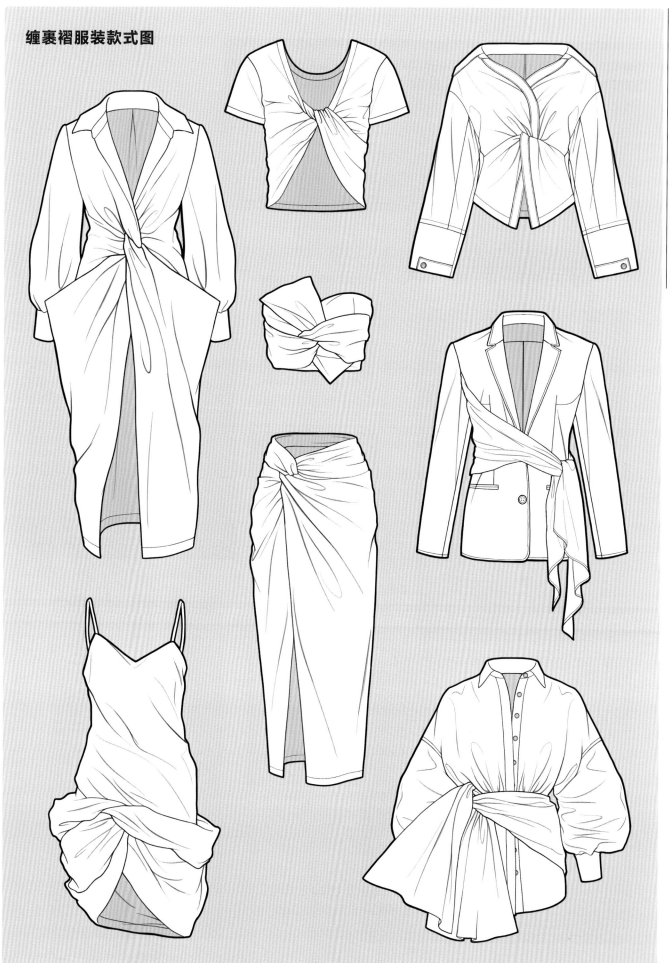

缠裹褶服装款式图

抽褶

    抽褶主要是指将一定长度的面料限定在较短的距离内而产生的挤压褶皱。常见的抽褶方式有三种：一种是先用手缝针疏缝，再拉紧到需要的长度；一种是先制作抽褶通道，再拉紧抽绳形成褶皱；一种是利用橡筋的弹力回缩自然形成褶皱。这三种褶皱的绘制都可以利用短而细碎的线条体现其量感。

抽褶绘制步骤

01 绘制草稿

    确定服装的体量，绘制外轮廓，用简洁的线条画出所有抽褶通道。注意服装镂空的大小和每一条分割线的位置分布。

02 勾勒线条

    使用 [技术笔] 笔刷，用平滑的线条对草稿进行勾勒，并对外轮廓线进行加粗。抽褶通道为两根平行的线条，在通道尽头绘制打结的抽绳。

03 增加细节

    调低笔刷的透明度，从抽褶通道出发对应面料边缘绘制褶皱线条，使用长曲线和弯钩形线条，注意褶量疏密的均匀分布。

抽褶服装款式图

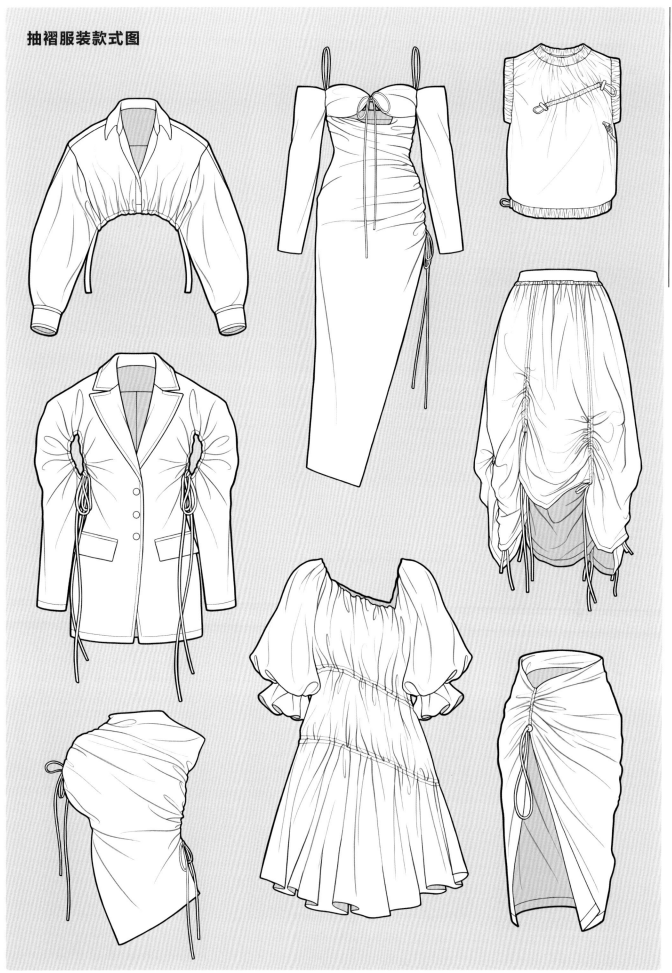

机器褶

　　机器褶是指通过专业机器设备对面料进行高温定型处理后形成的褶皱，通常为均匀压褶。用于轻薄面料，如雪纺、网纱等时，可以为服装增加动感；用于较为厚重的面料时，则增添造型感。在绘制机器褶时，可加粗外部的轮廓线，使其廓形更加坚挺有力量，内部线条需要遵循一定的规律整齐排列，从而体现机器褶的特性。

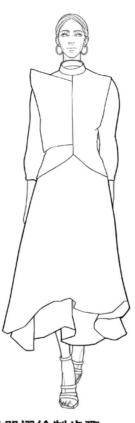

机器褶绘制步骤

01 绘制草稿

　　确定服装的体量，绘制外轮廓，用简洁的线条绘制上衣装饰片和裙摆的边缘。注意腰线的位置和裙摆的松量。

02 勾勒线条

　　使用［技术笔］笔刷，用平滑的线条对草稿进行勾勒，并对外轮廓线进行加粗。风琴褶的下摆较为复杂，暂时不用细化。

03 增加细节

　　调低笔刷的透明度，从褶皱缝合线出发对应到面料边缘绘制褶皱线条，使用自然弯曲的长线条，注意褶量疏密的均匀分布。最后用折线勾勒风琴褶的边缘。

机器褶服装款式图

机器褶服装款式图

服装面料材质表现技法

　　准确表达服装面料的色彩和材质可以提升画面的完整度，也可以快速提高绘制时装画的艺术水平。通过观察可以发现，不同的面料质感也有一定的表现规律。在绘制时装画时，创作者可以通过对服装造型、衣纹规律、褶皱状态、光泽度、厚度、肌理等方面进行的观察、对比和分析，恰如其分地表现出复杂面料的质感，准确、生动地向观者传达自己的创作意图。

　　本章详细介绍了牛仔面料、薄纱面料、丝绸面料、丝绒面料、毛呢面料、针织面料、皮革面料、皮草面料、蕾丝面料、镭射材料、PVC 材料以及其他装饰辅料的绘制技法，以典型案例为基础，详细介绍了不同面料质感的表现方法。

扫以下二维码，付费看本章相关教学视频

 面料概述与皮革的绘制技巧

 丝绸与亮片材质的绘制技巧

 薄纱、蕾丝与珍珠的绘制技巧

5.1 服装面料概述

面料是服装设计的基础，作为服装三要素之一，面料不仅可以诠释服装的风格和特性，而且影响着服装的色彩和造型的表现效果。为了使消费者更加直观地看到服装的真实效果，在时装画中准确表现面料质感显得极其重要。常见的服装面料可以大致归纳为以下几种：欧根纱、雪纺等轻薄面料，精纺、粗纺等厚实的毛呢面料，还有皮革、皮草等动物面料，透明面料、反光面料等特殊材质，以及各式各样的装饰辅料。每种材质都有着各自不同的质感，在时装画的创作中应当充分了解面料的特点，再结合运用相应技法清晰明确地将其表现出来。在充分展现设计理念的同时，也提升了画面整体效果的美感。

牛仔面料

薄纱面料

丝绸面料

丝绒面料

毛呢面料

针织面料

皮革面料

皮草面料

蕾丝面料

镭射材料

PVC 材料

羽毛装饰

流苏装饰

亮片装饰

串珠装饰

5.2 牛仔面料

牛仔面料是一种质地紧实、厚实耐磨的面料，并且表面有着较为清晰的斜向纹理。织造时以全棉纱线为主，也可以加入毛、丝、麻、弹力纱、花式纱等纤维进行混纺。牛仔面料多为蓝色、黑色，经过不同的后整理工艺处理，如石磨、猫须、喷砂、漂色、雪花洗、抽纱、毛边等，可以呈现出丰富的视觉效果。

牛仔小样效果图

 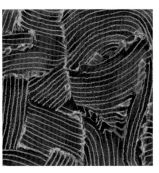  

毛边拼接及猫须效果　　密集绗缝线及拼接　　多层次毛边拼接　　毛边抽褶花边装饰

牛仔面料绘制步骤

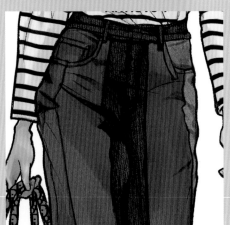 

01 绘制线稿

用[干油墨]笔刷绘制草稿和线稿，重要的结构线偏粗，褶皱线条偏细。

02 贴图

用[操作－添加－插入照片]置入牛仔面料素材，使用选区工具进行调整，得到不同明度的面料效果。

03 绘制阴影

吸取蓝色，用[正片叠底]图层模式绘制阴影，缝合线和褶皱附近的暗部更深。

04 增加肌理

用[干油墨]笔刷吸取浅蓝色，以排线的方式来增加肌理感，并提亮亮部。

牛仔面料时装画绘制步骤

01

插入人物动态模板，在此基础上用[干油墨]笔刷绘制人物发型、服装和配饰的外轮廓。注意领口大小、腰线位置和手提袋比例，在袖口、腰部和裤腿处留有松量。

02

使用[干油墨]笔刷，以流畅的线条对草稿进行勾勒，并对外轮廓线进行加粗。注意绘制上衣在腰部收缩产生的褶皱和模特行走产生的以膝盖为中心的裤腿褶皱。

03

使用[工作室笔]笔刷铺底色，确定整体的色彩搭配，牛仔面料部分插入牛仔肌理素材，使用选区工具进行调整，得到不同明度的面料效果。参考模特面部特征，完成头部上色。

04

　　吸取蓝色，用 [正片叠底] 图层模式绘制阴影。可以分为两个图层，一个图层表现整片面料的起伏，一个图层表现缝合线和褶皱部分更深的暗部。用相同的方法为帽子和上衣绘制阴影。

05

　　使用 [Gesinski 油墨] 笔刷绘制条纹，拷贝条纹可以节省时间，但是效果没有手绘自然。通过 [操作 – 添加 – 添加文本] 为上衣搭配标语装饰。手提袋的纹样绘制方法可以参阅第 6 章的内容。

最后，对部分细节进行刻画，提高整个画面的观赏性。使用[Gesinski油墨]笔刷为模特搭配镶钻的金属项链和腰带，使用[干油墨]笔刷吸取浅蓝色，以排线的方式来增加牛仔面料的肌理效果，并再次刻画高光，加强面料的质感。

皮肤色板

牛仔面料色板

勾线笔刷 / 干油墨

上色笔刷 / Gesinski 油墨

涂抹笔刷 / 干油墨

5.3 薄纱面料

薄纱面料是具有轻、薄、透等特点的面料的总称，如欧根纱、乔其纱、雪纺、透明闪光织物等，这些面料有的柔软飘逸，有的质地透明，有的柔韧挺括，可用于表现服装丰富的层次感，同时细小的花边装饰也常常成为服装的传神之处。

薄纱小样效果图

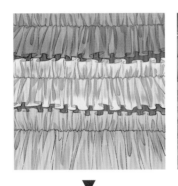

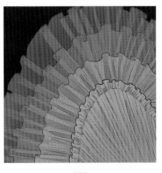

▼ 平行抽褶花边装饰　　▼ 多层次叠加形成透叠装饰　　▼ 多层次叠加形成透叠装饰　　▼ 有可塑性的薄纱材质装饰

薄纱面料绘制步骤

01 绘制线稿

用 [干油墨] 笔刷绘制草稿和线稿，重要的结构线偏粗，褶皱线条偏细。

02 铺底色

为每一层薄纱各建一个图层并分开上色。上层为淡橘粉色，下层为蓝绿色，将两者透明度降低后叠加。

03 绘制阴影

吸取桃子冻糕色，用 [正片叠底] 图层模式绘制阴影，用 [Watercolour] 笔刷涂抹。

04 加深阴影

为了更好地表达薄纱轻、薄、透的质感，建议阴影分多次叠加，褶皱附近的暗部更深。

薄纱面料时装画绘制步骤

01

插入人物动态模板，用[干油墨]笔刷绘制人物发型和服装的外轮廓。注意领型、腰线位置、袖身褶量和裙子下摆的展开量。

02

使用[干油墨]笔刷对草稿进行勾勒，并对外轮廓线进行加粗。结合[阿尔法锁定]和[超细喷嘴]笔刷，将线稿改为棕色。

03

参考模特面部特征，完成头部上色。为每一层薄纱各建一个图层并分开上色，底色为蓝绿色面料和人体肤色。

04

第二层薄纱为主体连衣裙，使用[工作室笔]笔刷大面积铺色，将两个图层的透明度降低后叠加，形成初步效果。

05

新建图层，吸取淡橘粉色，降低蓝绿色薄纱的可见度，以此来模拟面料褶皱部分的覆盖效果。用 [正片叠底] 图层模式绘制阴影，关注整片面料的起伏变化，边画边用涂抹笔刷进行调整。

06

使用 [Gesinski 油墨] 笔刷吸取暗粉色，对服装缝合线和褶皱产生的暗部进一步加深，不要忘记衣领和裙摆上的荷叶褶产生的投影也是画面中最深的部分。用同样的方法，给内搭薄纱绘制阴影。

最后，对服装上的装饰片进行刻画，提高整个画面的观赏性。使用 [Gesinski 油墨] 吸取各种高饱和度的色彩，为标语贴片上色。色彩强烈、内容也很强势的字母装饰与浪漫温柔的薄纱服装搭配在一起，有一种奇妙的反差感。

皮肤色板

薄纱面料色板

勾线笔刷 / 干油墨

干油墨

上色笔刷 / Gesinski 油墨

工作室笔

Gesinski 油墨

涂抹笔刷 / Watercolour

Watercolour

5.4 丝绸面料

丝绸面料华丽而有光泽，无论是具有奢华感的织锦缎，具有挺括性的欧根缎，还是具有悬垂感的绉缎都可以传达出穿着者的女性魅力。丝绸面料给人性感、柔滑、飘逸的印象，可用于内衣、礼服、家居服等贴身穿着的衣物，体现穿着者的精致感和高贵气质。

丝绸小样效果图

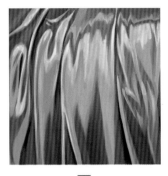

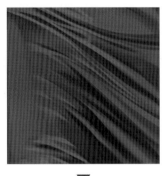

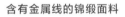

含有金属线的锦缎面料　　　　天鹅绒面料烂花工艺效果　　　　悬垂感颇好的绉缎面料　　　　轻薄光滑的半透明丝绸面料

丝绸面料绘制步骤

01 绘制线稿

用［干油墨］笔刷绘制草稿和线稿，重要的结构线偏粗，褶皱线条偏细。

02 绘制阴影

吸取底色，用［正片叠底］图层模式绘制阴影，关注整片面料的起伏变化，边画边用涂抹笔刷进行调整。

03 加深阴影

使用［Gesinski油墨］笔刷吸取深蓝色，对面料褶皱产生的暗部进一步加深。

04 刻画亮面

为了更好地表达丝绸面料的质感，在明暗交界线的另一边提亮，增加光泽感。

丝绸面料时装画绘制步骤

01

　　插入人物动态模板，在此基础上用 [干油墨] 笔刷绘制人物发型、服装和配饰的外轮廓。注意腰线位置、裙摆开衩高度和蝴蝶结装饰大小，可以加大裙摆的展开量来增强视觉效果。

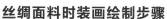

02

　　使用 [干油墨] 笔刷，以流畅的线条对草稿进行勾勒，并对外轮廓线进行加粗。注意绘制抹胸在腰部产生的褶皱和从裙摆缝合线出发的褶皱。可参考秀场照片的褶皱走向，但不要完全照搬。

03

　　使用 [工作室笔] 笔刷铺底色，确定整体的色彩搭配。参考模特面部特征，完成头部上色，发型较为简单，可以在妆容部分多下功夫。给身体上色时，不要忘记服装产生的投影。

04

使用 [Gesinski 油墨] 笔刷吸取蓝色，用 [正片叠底] 图层模式绘制阴影，关注面料上大块面的起伏变化，边画边用涂抹笔刷进行调整。注意不要过度涂抹，适当保留一些块面感。

05

使用 [Gesinski 油墨] 笔刷吸取深蓝色，对面料褶皱和荷叶边投影产生的暗部进一步加深。注意，大量使用深色会弱化整体的对比度，反而拉低质感。

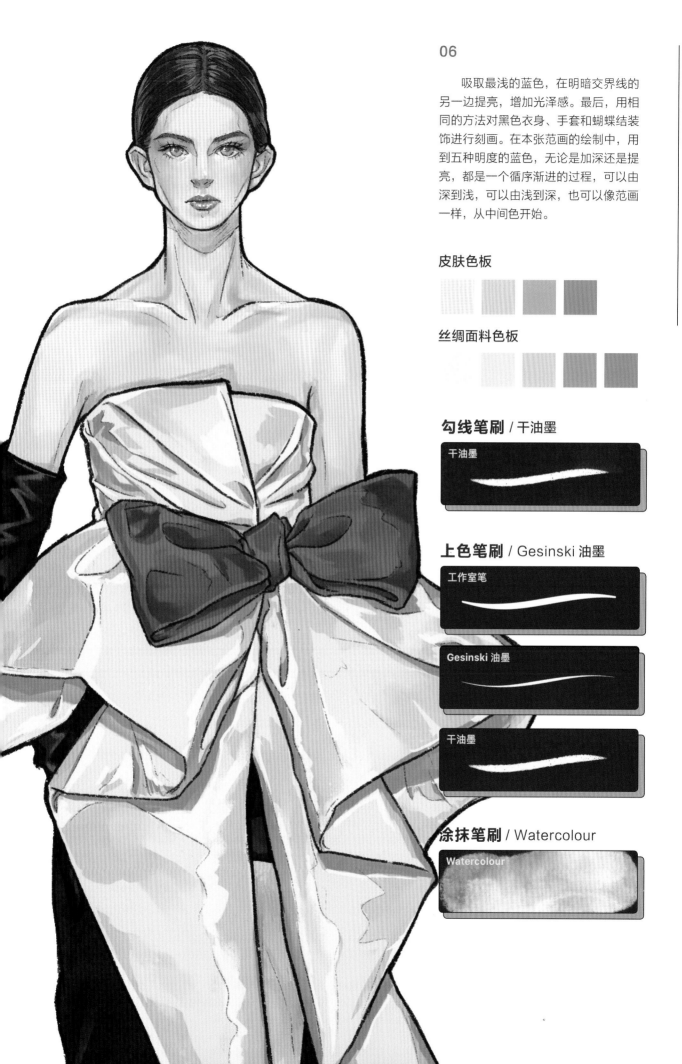

吸取最浅的蓝色，在明暗交界线的另一边提亮，增加光泽感。最后，用相同的方法对黑色衣身、手套和蝴蝶结装饰进行刻画。在本张范画的绘制中，用到五种明度的蓝色，无论是加深还是提亮，都是一个循序渐进的过程，可以由深到浅，可以由浅到深，也可以像范画一样，从中间色开始。

皮肤色板

丝绸面料色板

勾线笔刷 / 干油墨

干油墨

上色笔刷 / Gesinski 油墨

工作室笔

Gesinski 油墨

干油墨

涂抹笔刷 / Watercolour

Watercolour

5.5 丝绒面料

　　丝绒是割绒丝织物的统称，表面有绒毛，大都由专门的经丝被割断后所构成，由于绒毛平行整齐，故呈现出丝绒所特有的光泽感。丝绒面料手感光滑、有韧性、细腻、有垂感，可以贴身穿着，依附于人体曲线，表现出性感、高贵的女性魅力。

丝绒小样效果图

有金属光泽的丝绒面料　　　　哑光低调的丝绒面料　　　　植绒烫金印花丝绒面料　　　　雪花喷溅短绒做旧效果

丝绒面料绘制步骤

01 绘制线稿

　　用 [干油墨] 笔刷绘制草稿和线稿，重要的结构线偏粗，褶皱线条偏细。

02 绘制亮部

　　使用 [小松木] 笔刷吸取浅紫粉色绘制亮部，便于在深色底上标出面料起伏的位置。

03 绘制阴影

　　根据丝绒面料特性，明暗之间没有过渡色，可以使用大面积深色来加强对比效果。

04 刻画细节

　　用 [小松木] 笔刷刻画西装上衣的包边和纽扣细节。

丝绒面料时装画绘制步骤

01

插入人物动态模板，在此基础上用 [干油墨] 笔刷绘制人物发型、服装和配饰的外轮廓。注意西装各部分的比例，可以加大帽子的尺寸来增强视觉效果。

02

使用 [干油墨] 笔刷，以流畅的线条对草稿进行勾勒，并对外轮廓线进行加粗。注意绘制模特行走时膝盖处形成的垂褶，需要归纳褶皱走向，可参考秀场照片，但不能完全照搬。

03

使用 [工作室笔] 笔刷铺底色，确定整体的色彩搭配。参考模特面部特征，完成头部上色，发型的大部分被帽子覆盖，可以增加耳边的碎发，注意其扬起的弧度。

04

使用 [小松木] 笔刷吸取浅紫粉色，绘制丝绒套装的亮部，以便于在深色底上标出面料起伏的位置。在涂抹时尽量使用肌理感较强的笔刷，比如 [干油墨] 笔刷，这样不会破坏丝绒表面的绒毛质感。

05

使用 [小松木] 笔刷吸取深紫色，绘制丝绒套装的暗部。根据丝绒面料特性，明暗之间没有过渡色，可以使用大面积深色来加强对比效果。

对服装内搭和配饰进行刻画，提高整个画面的观赏性。羊毛宽檐帽的质感与丝绒面料类似，呈雾面效果，使用 [小松木] 笔刷涂色，[Filler Chalk] 笔刷涂抹。绘制帽子的同时，不要忘了绘制帽檐在面部产生的投影。最后，使用 [Gesinski 油墨] 绘制金属耳环，为整体搭配增加闪光点。

皮肤色板

丝绒面料色板

勾线笔刷 / 干油墨

上色笔刷 / 演化

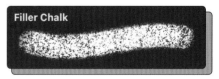

涂抹笔刷 / 干油墨

5.6 毛呢面料

　　毛呢面料是各种羊毛、羊绒织物的泛称，是秋冬服装面料的主角，其厚实的绒面质地能给人带来温暖的感觉。粗花呢是粗纺毛呢中最具特色的花色品种，有人字纹、条纹、波点或其他几何图形样式，常用于西装、马甲、大衣、连衣裙、裙子等品类。

毛呢小样效果图

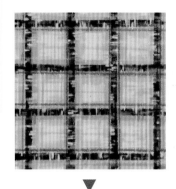

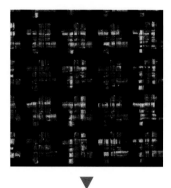
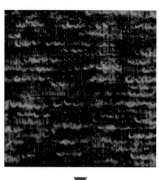

夹金银丝格纹花呢面料　　多色提花格纹花呢面料　　双色提花正负形花呢面料　　粗纺杂色圈圈纱花呢面料

毛呢面料绘制步骤

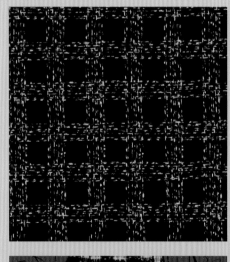

01 绘制纹样框架

　　用［小松木］笔刷绘制由线组成的宽条纹，拷贝条纹并旋转90°，得到格纹。

02 纹样细节

　　使用［小松木］笔刷绘制正方形并放置于条纹交叉处，吸取红色增加杂色。

03 贴图

　　以贴图的方式将绘制的毛呢纹样覆盖在衣片上，使用液化工具进行调整。

04 增加肌理

　　用［干油墨］笔刷绘制阴影，以虚线的形式增加面料肌理。

毛呢面料时装画绘制步骤

01

插入人物动态模板，在此基础上用 [干油墨] 笔刷绘制人物发型、服装和配饰的外轮廓。注意连衣裙和外套的长度比例，可以加大服装廓形和配饰尺寸来增强视觉效果。

02

使用 [干油墨] 笔刷，以流畅的线条对草稿进行勾勒，并对外轮廓进行加粗。注意绘制手肘弯曲时袖子产生的自然褶皱。连衣裙和外套用料厚重，下摆不需要画过多褶皱。

03

使用 [干油墨] 笔刷铺底色，模拟毛呢面料粗糙的质感，确定整体的色彩搭配。参考模特面部特征，完成头部上色。

04

　　用 [小松木] 笔刷绘制平铺的毛呢纹样，以贴图的方式将纹样覆盖在服装的毛呢部分，使用 [液化－推] 进行调整。注意身体两侧的纹样会因为透视关系而逐渐变窄，可以使用 [变换变形] 调整宽度。

05

　　服装的其他部分覆盖着以毛呢纹样为印花图案的光滑面料，绘制时同样以贴图的形式进行处理，在手肘的褶皱部分使用 [选取] 和 [液化] 功能对纹样进行变形处理，使面料堆叠效果更自然。

使用 [Gesinski 油墨] 笔刷为光滑面料绘制蓝色阴影和米色反光，边画边用 [Watercolour] 笔刷进行涂抹调整。对于毛呢面料的刻画，用 [干油墨] 笔刷吸取米色和红色，以虚线的形式增加杂色肌理，并绘制衣片边缘的毛边装饰。

皮肤色板

毛呢面料色板

勾线笔刷 / 干油墨

干油墨

上色笔刷 / 小松木

小松木

露兜树

干油墨

涂抹笔刷 / Watercolour

Watercolour

5.7 针织面料

针织面料是指由纱线弯曲成圈并相互串套而形成的织物，线圈的大小决定了织物的精细和厚实程度。针织面料主要分为横机织物和圆机织物，横机织物又称为成型类针织，制作时直接进行缝合，不用再次剪裁，常见于各种毛衫、开衫等款式；圆机织物又称裁剪类针织，同梭织面料相似，需要先织成筒布后再进行裁剪，常见于运动衫、T恤、内衣等款式。

针织小样效果图

绞花纹样与平纹织物拼接　　双色凹凸菱形格纹样　　棒针绞花纹样与手工编结　　平纹提花组织与立体刺绣

针织面料绘制步骤

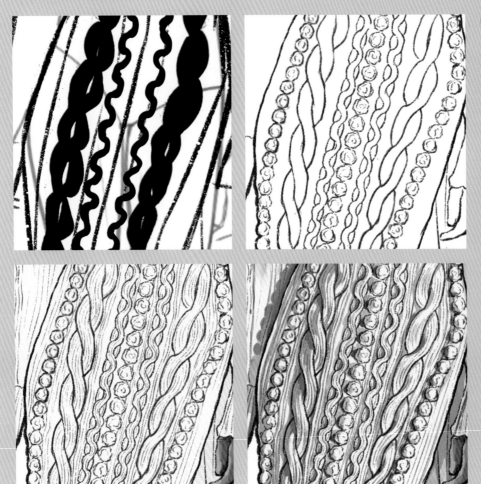

01 绘制草稿

使用[Gesinski油墨]笔刷确定两种绞花纹样的形状和走向。

02 勾勒线条

使用[干油墨]笔刷对草稿的轮廓进行勾勒，并补充绘制条状装饰毛球。

03 细化线稿

使用[干油墨]笔刷，调低透明度，以排线的方式增加针织纹理。

04 刻画明暗

用[工作室笔]笔刷上色，刻画明暗时要沿着纹理上色，注意凸出的毛球形成的投影。

针织面料时装画绘制步骤

01

插入人物动态模板，用[干油墨]笔刷绘制服装和配饰的外轮廓。注意连衣裙各部分的比例，可以加大袖形来增强视觉效果。

02

使用[Gesinski油墨]笔刷确定两种绞花纹样的形状和走向。注意纹样的起点和终点，按照比例分别对应到肩线和下摆上。

03

使用[干油墨]笔刷对草稿进行勾勒，并对外轮廓线进行加粗。对于条状装饰毛球的绘制可以通过拷贝功能来节约时间。

04

使用[干油墨]笔刷，调低透明度，以排线的方式增加针织纹理。所有纹理要顺着纹样缠绕的方向和服装扭转的走向有序地进行绘制。

05

使用[工作室笔]笔刷铺底色，确定整体的色彩搭配。参考模特面部特征，完成头部上色。发型较为简单，可以重点刻画耳环来丰富留白部分。

06

使用[工作室笔]笔刷上色，[干油墨]笔刷涂抹，绘制阴影时要沿着纹理上色，注意凸出的毛球形成的投影。同时，对服装内搭和配饰进行刻画，提高整个画面的完整性。

　　针织面料的肌理感可以用三个图层来刻画。底部图层表现整片面料的起伏，阴影颜色较浅；中间图层表现针织纹理的沟壑和立体装饰产生的投影效果，阴影颜色较深；在最上方的图层，使用[干油墨]笔刷，降低透明度，以画点的方式表现面料结构中的空隙，在暗部使用浅色，在亮部使用深色。

皮肤色板

针织面料色板

勾线笔刷 / 干油墨

干油墨

上色笔刷 / Gesinski 油墨

工作室笔

Gesinski 油墨

干油墨

涂抹笔刷 / 干油墨

干油墨

5.8 皮革面料

　　皮革面料按原料来源可分为牛皮、羊皮、猪皮、鳄鱼皮、蛇皮、马皮和人造革等，最早应用在鞋、包等配饰上，随后延伸到服装上。近年来，随着合成技术的发展，人造皮革的仿真程度越来越高，彻底打破了天然皮革的尺寸限制和表面缺陷瑕疵的束缚，让各种颜色、各种纹理的皮革都可以直接应用在服装上。

皮革小样效果图

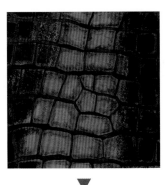

| ▼ | ▼ | ▼ | ▼ |
| 雾面皮革 | 漆皮 | 鳄鱼皮 | 蛇皮 |

皮革面料绘制步骤

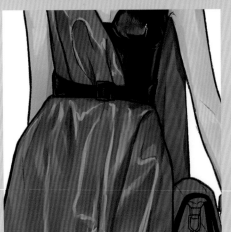

01 绘制线稿

　　用 [干油墨] 笔刷绘制草稿和线稿，重要的结构线偏粗，褶皱线条偏细。

02 绘制阴影

　　用 [Gesinski 油墨] 笔刷沿着褶皱的线稿绘制阴影，用 [超细喷嘴] 喷涂亮红色，提高局部的饱和度。

03 绘制亮部

　　用 [Gesinski 油墨] 笔刷沿着褶皱的线稿绘制亮面。注意雾面皮革表面不可出现亮白色反光。

04 刻画细节

　　用相同的方法刻画抹胸和手拿包。注意抹胸的材质是漆皮，在结构线附近可以用亮白色提亮。

皮革面料时装画绘制步骤

01

插入人物动态模板，在此基础上用 [干油墨] 笔刷绘制人物发型、服装和配饰的外轮廓。注意腰线和裙摆展开量，可以加大耳环、手镯和手拿包尺寸来增强视觉效果。

02

使用 [干油墨] 笔刷，以流畅的线条对草稿进行勾勒，并对外轮廓线进行加粗。注意皮革材料厚度和硬度偏高，自然垂挂产生的褶皱线条较为平缓，不宜出现过多弯折。

03

使用 [工作室笔] 笔刷铺底色，确定整体的色彩搭配。参考模特面部特征，完成头部上色。使用 [Gesinski 油墨] 笔刷绘制黑红两种发色，表现根根分明的发丝质感。

04

使用 [Gesinski 油墨] 笔刷沿着褶皱的线稿绘制阴影，可参考秀场照片中皮革材料的块面起伏，但不要完全照搬，要概括其中最重要的明暗变化。使用 [超细喷嘴] 喷涂亮红色，提高局部饱和度。

05

使用 [Gesinski 油墨] 笔刷绘制亮面，位置紧挨着暗面，在褶皱线条的另一侧。亮部可以用块面或弯折的曲线来表现，具体要看皮革的起伏情况。注意雾面皮革表面不可出现亮白色反光。

　　使用 [Watercolour] 笔刷对色块进行涂抹，使皮革材料呈现更加光滑的质感。注意不要过度涂抹，在柔化色块边缘的同时，依然要保留一定的块面感。使用[Gesinski 油墨]绘制耳环和手镯，金属材料的光泽感很强，明暗关系多变，要注意环境色对每一个块面的影响。

皮肤色板

皮革面料色板

勾线笔刷 / 干油墨

干油墨

上色笔刷 / Gesinski 油墨

工作室笔

Gesinski 油墨

超细喷嘴

涂抹笔刷 / Watercolour

Watercolour

5.9 皮草面料

皮草面料主要由动物皮毛构成，不同的动物皮毛外观形态也不尽相同。通常皮草面料可分为三类：长毛皮草、短毛皮草和剪绒皮草。长毛皮草如狐狸毛、獭兔毛、羊羔毛等，毛量丰厚，质地柔软；短毛皮草如水貂毛、马毛等，质地较硬，光泽度好；剪绒皮草如羊毛剪绒、兔毛剪绒，在制作时剪去了较长的粗毛，留下柔软的绒毛，使最终面料紧实且保暖性好。

皮草小样效果图

渐变晕色工艺

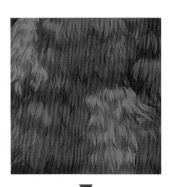

间色挑染工艺

拼接工艺

嵌花工艺

皮草面料绘制步骤

01 绘制线稿

用 [干油墨] 笔刷绘制草稿和线稿，以排线的方式表现皮草的毛茸茸质感。

02 绘制阴影

用 [Gesinski 油墨] 笔刷吸取棕色，以 [正片叠底] 图层模式绘制第一层阴影，确定最深的暗部区域。

03 过渡暗部

吸取稍浅的阴影色，以排线的形式对暗部进行过渡处理，强调皮草层层叠叠的效果。

04 增加亮色

吸取浅棕色，以排线的方式提亮皮草毛发尖端的部分，加强明暗对比。

皮草面料时装画绘制步骤

01

插入人物动态模板，在此基础上用［干油墨］笔刷绘制人物发型、服装和配饰的外轮廓。注意腰线位置和肩部廓形，可以加大耳环、腰饰和皮草的面积来增强视觉效果。

02

使用［干油墨］笔刷，以排线的方式表现皮草的毛茸茸质感。排线的手法分两种，一种呈条状，强调毛发的层叠效果；一种呈簇状，表现面料表面的凹凸不平。

03

使用［工作室笔］笔刷铺底色，确定整体的色彩搭配。参考模特面部特征及妆容特点，完成头部上色。在绘制额前碎发时，以肤色为底，降低笔刷透明度，沿着发丝走向规律排线。

04

使用 [Gesinski 油墨] 笔刷吸取棕色，以 [正片叠底] 图层模式绘制阴影。可以分为两个图层，一个图层表现整片面料的起伏，在另一个图层上沿着毛发的线稿进一步加重暗部。使用 [Filler Chalk] 笔刷刻画大衣表面的粗糙质感。

05

使用 [Gesinski 油墨] 笔刷吸取浅棕色，以排线的方式提亮皮草毛发尖端的部分，加强明暗对比。可以将该图层置于线稿上方，提高毛发的真实感。

模特腰部的金属配件结构复杂，高光细小且密集，需要用小笔刷耐心地细化。表现皮草质感的重点在于 [Gesinski油墨] 笔刷与排线画法的结合，该笔刷的基础形状为椭圆形，随着下笔方向和力度的改变，笔迹粗细也会产生大幅度明显变化，能够模拟毛发根部到尖端的粗细转变，一笔成型。

皮肤色板

皮草面料色板

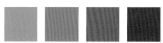

勾线笔刷 / 干油墨

上色笔刷 / Gesinski 油墨

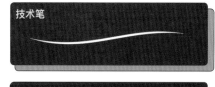

涂抹笔刷 / 干油墨

5.10 蕾丝面料

　　蕾丝面料由不同质地、色彩的纱线编织而成，形成的织物较为轻薄、通透。传统的蕾丝具有镂空的纹理结构，是用钩针进行手工编织而成的一种装饰性面料。早期，在欧洲宫廷中，贵族男性的袖口、领口、衣襟和袜沿等处曾大量使用蕾丝面料。如今，蕾丝已成为女性服装中使用极为广泛的面料，特别是在内衣、晚礼服和婚纱中的应用。

蕾丝小样效果图

手工蕾丝花边　　　　　佩斯利纹样蕾丝　　　　花卉纹样水溶蕾丝　　　蝴蝶纹样水溶蕾丝

蕾丝面料绘制步骤

01 绘制线稿

　　用[干油墨]笔刷绘制草稿和线稿，重要的结构线偏粗，褶皱线条偏细。

02 绘制蕾丝

　　对于纹理简单的蕾丝可以直接绘制，对于复杂的蕾丝，则需要先用草稿标出纹样的比例形状。

03 细化蕾丝

　　用[干油墨]笔刷对蕾丝纹理进行勾勒，对于重复的部分可以用拷贝功能来节约时间。

04 绘制投影

　　蕾丝面料表面不会产生明显的明暗变化，但是要注意其纹理产生的投影。

蕾丝面料时装画绘制步骤

01

插入人物动态模板，在此基础上用 [干油墨] 笔刷绘制人物发型、服装和配饰的外轮廓。注意腰线位置和肩部廓形，可以加大荷叶边装饰片来增强视觉效果。

02

使用 [干油墨] 笔刷，以流畅的线条对草稿进行勾勒，并对外轮廓进行加粗。目前只需要勾勒出蕾丝拼贴布之间的接缝线和少量褶皱线条，注意保持画面整洁。

03

使用 [工作室笔] 笔刷铺底色，确定整体的色彩搭配。参考模特面部特征及妆容特点，完成头部上色。使用 [Gesinski 油墨] 笔刷以排线的方式为头发绘制阴影与高光。

04

　　该服装由二十几种黑色蕾丝面料拼接而成，每一种蕾丝的纹理大不相同，若要还原服装的真实效果，则需要花费大量时间来仔细描摹。当然，在这个过程中可以对蕾丝结构拥有更深的理解。

05

　　除了直接在衣服上绘制蕾丝纹样，也可以采用贴图的方式。选择几款纹样分层单独绘制，将其分别覆盖在衣片的不同位置，再用液化工具进行调整。

根据蕾丝面料的特性，其表面不会产生明显的明暗变化，但是要注意纹理产生的投影和下方复合面料产生的褶皱效果。最后，完善服装上其余部分的细节，提高整个画面的观赏性。使用[Gesinski 油墨] 笔刷刻画蝴蝶结腰带，并为半裙上的珠片装饰点上高光。

皮肤色板

蕾丝面料色板

勾线笔刷 / 干油墨

干油墨

上色笔刷 / Gesinski 油墨

技术笔

Gesinski 油墨

干油墨

涂抹笔刷 / 干油墨

干油墨

5.11 镭射材料

镭射材料是一种新型面料，主要以尼龙打底，通过涂层工艺，在材料表面呈现出镭射银、玫瑰金、幻彩粉等多种颜色，也唤作"炫彩镭射面料"。镭射材料的色彩饱和度高，充满时尚感和未来科技感，因此颇受年轻人喜爱。

镭射小样效果图

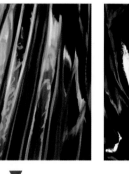

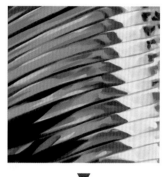

炫彩镭射材料　　　　玫瑰金镭射材料　　　　金属质感镭射材料　　　　银色镭射褶裥材料

镭射材料绘制步骤

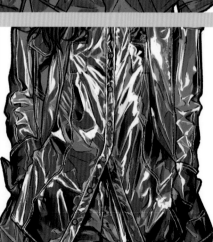

01 绘制线稿

用[干油墨]笔刷绘制草稿和线稿，尽可能多地将面料上重要褶皱线条画出来，以便于后期上色。

02 绘制阴影

用[Gesinski油墨]笔刷吸取底色，以[正片叠底]图层模式绘制第一层阴影，边画边用涂抹笔刷晕染边缘。

03 绘制亮部

新建图层，吸取浅灰蓝色绘制亮面，位置紧挨着暗面。

04 加强明暗对比

新建图层，进一步加强面料的明暗对比，在暗部区域增加深灰蓝，在亮部区域增加白色高光。

镭射材料时装画绘制步骤

01

　　插入人物动态模板，在此基础上用 [干油墨] 笔刷绘制人物发型、服装和配饰的外轮廓。注意衬衫和外套的整体比例和细节，绘制模特双手插兜和行走动作产生的面料褶皱。

02

　　使用 [干油墨] 笔刷，以流畅的线条对草稿进行勾勒，并对外轮廓线进行加粗。可参考秀场照片的褶皱走向，概括地将面料上重要褶皱线条画出来，以便于后期上色。

03

　　使用 [工作室笔] 笔刷铺底色，确定整体的色彩搭配。参考模特面部特征，完成头部上色。绘制长卷发时要理清发丝的走向，以排线的形式来刻画发丝质感。

04

　　使用 [Gesinski 油墨] 笔刷吸取底色，以 [正片叠底] 图层模式绘制第一层阴影，边画边用涂抹笔刷晕染边缘。新建图层，吸取浅灰蓝色绘制亮面，位置紧挨着暗面。

05

　　使用 [Gesinski 油墨] 笔刷吸取深灰蓝色，在暗部区域进一步加深，位置集中在服装侧面和褶皱密集处。

06

使用 [Gesinski 油墨] 笔刷吸取白色，在亮部区域增加高光。反光点通常位于缝合线和衣褶的折叠线上，可以将该图层置于线稿上方，加强光泽感。

07

最后，为镭射面料增加炫彩效果。吸取饱和度高的颜色，如红色、黄色、青色、蓝色和紫色，沿着褶皱的位置涂抹在暗部区域。

　　镭射材料是时装画中最难把握的材质之一，材料表面轻微的起伏就能造成多重明暗变化。在下笔前，建议先仔细观察参考图，分析服装上的块面分布，提炼出其中最重要的结构进行刻画，对于一些细碎的小块面可以忽略。同时，也要保持耐心，按照步骤循序渐进地加强明暗对比，完善质感。

皮肤色板

镭射面料色板

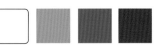

勾线笔刷 / 干油墨

上色笔刷 / Gesinski 油墨

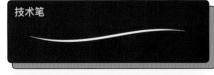

涂抹笔刷 / 干油墨

5.12 PVC 材料

　　PVC 材料即聚氯乙烯，它是世界上产量最大的塑料产品之一，其价格低廉，应用广泛。在服装上的应用最早是在雨衣上，自 2017 年开始，PVC 材料频频出现在 T 台时装上，并从此席卷整个时尚圈。PVC 材料色泽鲜艳、轻薄剔透，既可以驾驭都市摩登风格，也可以体现青春飘逸的少年感。

PVC 材料小样效果图

哑光涂层 PVC 材料　　透薄哑光 PVC 材料　　高饱和度 PVC 材料　　透明挺括 PVC 材料

PVC 材料绘制步骤

01 填充底色
　　用[干油墨]笔刷绘制草稿和线稿，将 PVC 材料服装与内搭服装分开填充底色，并降低 PVC 材料底色的透明度。

02 绘制亮面
　　用[Gesinski 油墨]笔刷吸取浅绿色，标出亮面的位置，用[干油墨]笔刷进行涂抹，完成自然过渡。

03 绘制高光
　　用[Gesinski 油墨]笔刷吸取白色，在面料的弯折线上绘制线状的高光。

04 刻画质感
　　用[超细喷嘴]笔刷吸取灰色和绿色，涂抹袖口和下摆，使面料看起来具有厚度和硬度。

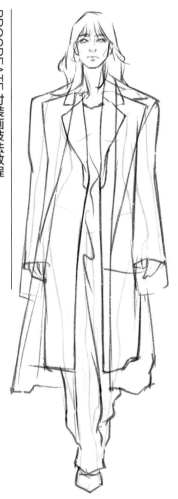

PVC 材料时装画绘制步骤

01

　　插入人物动态模板，在此基础上用［干油墨］笔刷绘制人物发型、服装和配饰的外轮廓。注意 PVC 材料外套和内搭服装的整体比例和部件细节，可以加大肩部体积来增强视觉效果。

02

　　使用［干油墨］笔刷，以流畅的线条对草稿进行勾勒，并对外轮廓线进行加粗。勾勒出手肘附近的扭曲褶皱线和衣摆悬垂产生的长直褶皱线，注意保持画面整洁。

03

　　使用［工作室笔］笔刷铺底色，确定服装的色彩搭配。参考模特面部特征，完成头部上色。将 PVC 材料服装与内搭服装分开填充底色，并降低 PVC 材料底色的透明度，查看整体效果。

04

　　使用 [Filler Chalk] 笔刷绘制大衣的面料质感，用 [Gesinski 油墨] 笔刷绘制亮片连衣裙上的纹理和高光。内搭服装的细节刻画不容忽视，能够为 PVC 材料的表现力增色。

05

　　使用 [Gesinski 油墨] 笔刷吸取浅绿色，标出反光块面的位置，用 [干油墨] 笔刷进行涂抹，完成自然过渡。手肘处的亮面呈蜿蜒连续的曲线形。

06

使用 [Gesinski 油墨] 笔刷吸取白色绘制高光。反光点通常位于缝合线和衣褶的折叠线上,可以将该图层置于线稿上方,加强光泽感。

07

使用 [超细喷嘴] 笔刷吸取灰色和绿色,涂抹袖口和外套下摆,使 PVC 材料看起来具有厚度和硬度,同时提高服装和背景的区分度。

PVC 材料与镭射材料的画法有一定相似性，都是通过绘制高光后大幅度提升质感。高光固然好，但是不能大面积使用，要加在最需要强调的结构线上，才能起到画龙点睛的作用。

皮肤色板

PVC 面料色板

勾线笔刷 / 干油墨

干油墨

上色笔刷 / Gesinski 油墨

工作室笔

Gesinski 油墨

Filler Chalk

涂抹笔刷 / 干油墨

干油墨

超细喷嘴

5.13 羽毛装饰

作为装饰辅料，羽毛轻盈且蓬松，可以营造出朦胧感。羽毛既可以用于服装边缘作局部点缀，使其产生轻盈的蓬松感，与服装的其他部分形成鲜明的对比；也可以利用渐变段染的形式堆叠在整体服装上，呈现精致、优雅、浪漫的华丽风格。

羽毛装饰小样效果图

| 段染渐变羽毛堆叠装饰 | 孔雀羽毛堆叠装饰 | 特大鸵鸟羽毛装饰 | 鹅毛装饰 |

羽毛装饰绘制步骤

01 绘制线稿

用[干油墨]笔刷绘制草稿和线稿，以弯曲的线条来表现羽毛的毛茸茸质感。

02 优化线稿

用[阿尔法锁定]和[超细喷嘴]笔刷将线稿部分喷涂为深粉色，表现羽毛的轻盈感。

03 绘制暗部

用[Gesinski油墨]笔刷绘制暗部，羽毛装饰片产生的投影部分颜色最深。

04 增加亮色

吸取浅粉色，以排线的方式提亮羽毛尖端的部分，加强明暗对比。

羽毛装饰时装画绘制步骤

01

　　插入人物动态模板，用[干油墨]笔刷绘制人物发型和服装的外轮廓。可以加大羽毛装饰片尺寸和裙摆的展开量。

02

　　使用[干油墨]笔刷对草稿进行勾勒，并对外轮廓线进行加粗。以弯曲的线条来表现羽毛的毛茸茸质感，拷贝羽毛纹理可以节约时间。

03

　　参考模特面部特征，完成头部上色。使用[Gesinski油墨]笔刷结合涂抹工具，表现柔顺且充满光泽的发丝质感。

04

　　结合[阿尔法锁定]和[超细喷嘴]笔刷将线稿喷涂为深粉色，降低线稿原先粗重的突兀感，表现羽毛的轻盈感。

05

使用 [Gesinski 油墨] 笔刷吸取底色，以 [正片叠底] 图层模式绘制阴影。可以分为两个图层，一个图层表现整片面料的起伏，另一个图层表现羽毛装饰片的投影，是羽毛结构中颜色最深的部分。

06

使用 [Gesinski 油墨] 笔刷吸取浅粉色，以排线的方式提亮羽毛尖端的部分，加强明暗对比。可以将该图层置于线稿上方，提高毛发的真实感。

绘制羽毛装饰片的难点在于如何表现出羽毛的轻盈感，对此有两点需要注意。一是对于颜色的把握，厚重的线稿容易把羽毛的形状"框死"，处理方式是改变线稿颜色，使其与羽毛融为一体。二是对于毛发纹理的刻画，使用[Gesinski 油墨]笔刷能够模拟羽毛根部到尖端的粗细转变，一笔成型。

皮肤色板

羽毛色板

勾线笔刷 / 干油墨

干油墨

上色笔刷 / Gesinski 油墨

技术笔

Gesinski 油墨

超细喷嘴

涂抹笔刷 / 干油墨

干油墨

5.14 流苏装饰

流苏是指穗状的垂饰物，通常由丝线、羽毛或珠子串起来，起装饰作用。在古代，流苏常用于家居品装饰和女性头饰。发展至今，流苏既保留了传统也有所创新，其形式多样，在女装中的应用极为广泛。将流苏装饰在服装上，能让服装呈现出充满活力的动感、轻盈飘逸的美感。

流苏装饰小样效果图

金属光泽流苏

麦穗状流苏

民族风格流苏

麂皮绒流苏

流苏装饰绘制步骤

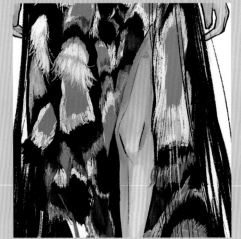

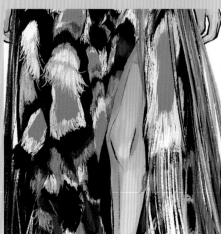

01 绘制线稿

用［干油墨］笔刷绘制草稿和线稿，以排线的方法来表现刺绣和流苏的纹理感。

02 绘制刺绣

用［工作室笔］笔刷吸取深灰色打底，用［干油墨］笔刷绘制白色刺绣。

03 绘制深色流苏

用［干油墨］笔刷完善粉色和红色刺绣部分，并吸取深灰色绘制密集的流苏作为底色。

04 绘制浅色流苏

根据流苏的条状特点，所有的细节刻画都是通过排线来完成的。

流苏装饰时装画绘制步骤

01

插入人物动态模板,在此基础上用[干油墨]笔刷绘制人物发型、服装和配饰的外轮廓。注意腰线位置和流苏展开量,可以加大配饰尺寸和流苏体量来增强视觉效果。

02

使用[干油墨]笔刷,以排线的方法来表现刺绣和流苏的纹理感。对于刺绣的形状勾勒,采用短而密集的线条,对于流苏则使用长且优美的弧线。

03

使用[工作室笔]笔刷铺裙身的底色,按照从上到下、先刺绣后流苏的顺序进行绘制。参考模特面部特征及妆容特点,完成头部上色。

04

　　使用 [干油墨] 笔刷，以排线的方法绘制白色刺绣。从白色部分着手是为了在深色底上标出刺绣图案的轮廓，以便于后期刻画。

05

　　使用 [干油墨] 笔刷吸取粉色和红色，继续以排线的方法完善刺绣图案。注意绘制阴影时，要以块面为单位进行上色，以此突出线迹的层次感。

06

使用［干油墨］笔刷吸取深灰色绘制密集的流苏作为底色。沿着线稿排线时，要注意流苏的疏密关系，流苏通常成束地垂挂下来，摆动出优美的弧线。

使用［干油墨］笔刷吸取粉色和红色绘制上层流苏。流苏的走向根据其位置和模特的动作进行变化，比如肩部的流苏被归拢于侧边，而越靠近活动脚的流苏甩动幅度越大。

　　补充一则绘画小技巧：为什么在打底时使用深灰色而不是黑色？

　　黑色是重量感很强的色彩，使用不当会使画面变得沉重暗淡。细心的你或许会发现，在自然界中几乎不存在绝对黑色。所以在时装画的绘制中，为了追求真实感，可以用深灰来代替黑色，同时也能为暗部加深留有余地。

皮肤色板

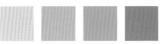

流苏色板

勾线笔刷 / 干油墨

上色笔刷 / Gesinski 油墨

涂抹笔刷 / 干油墨

5.15 亮片装饰

　　亮片多选用PET或PVC等材质,将其通过手工刺绣或者大型绣花机的加工刺绣在面料上。亮片具有明显的闪光效果,能反射来自各个方向的光源,并结合自身的色彩,产生独具魅力的华丽效果。此外,亮片材质的绚丽色彩能给人带来强大的视觉冲击力,多用于礼服、演出服等款式。

亮片装饰小样效果图

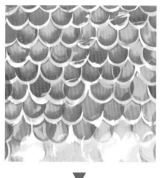

鱼鳞状亮片　　　　　　细碎渐变色亮片　　　　　裸眼3D亮片点缀　　　　具象图案亮片装饰

亮片装饰绘制步骤

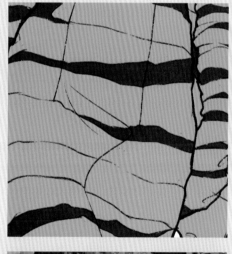

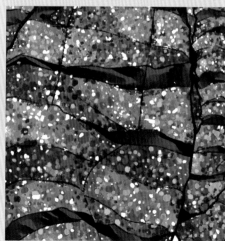

01 绘制线稿

　　用[干油墨]笔刷绘制草稿和线稿,重要的结构线偏粗,褶皱线条偏细。

02 颜色分区

　　用[工作室笔]笔刷吸取浅蓝色作为底色,用[演化]笔刷增加两种深蓝色,使面料呈渐变色。

03 绘制肌理

　　用[干油墨]笔刷吸取比底色更深的蓝色,模拟亮片结构绘制点状肌理。

04 绘制高光

　　用[干油墨]笔刷添加高饱和度杂色,用[Gesinski油墨]笔刷绘制白色高光,完善面料的闪光质感。

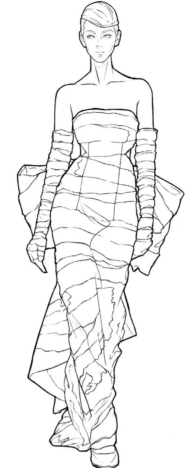

亮片装饰时装画绘制步骤

01

插入人物动态模板，在此基础上用 [干油墨] 笔刷绘制人物发型、服装和配饰的外轮廓，以及装饰片的分布和走向。注意蝴蝶结尺寸、腰线位置和腰部开口细节。

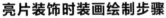

02

使用 [干油墨] 笔刷，以流畅的线条对草稿进行勾勒，确定每一条装饰片的分割线，并对外轮廓线进行加粗。用之字形曲线来表现模特行走产生的褶皱，注意保持画面整洁。

03

使用 [工作室笔] 笔刷铺底色，确定服装的色彩搭配。参考模特面部特征，完成头部上色。发型较为简单，可以在配饰和妆容上多下功夫。

04

使用[工作室笔]笔刷吸取浅蓝色
为服装和配饰铺底色，再用[演化]笔
刷增加两种深蓝色，使面料呈渐变色，
保留粗糙的质感。

05

使用[干油墨]笔刷吸取比底色深
一度的蓝色，模拟亮片结构绘制点状肌
理。肌理大小不一，底色越深，分布越
密集。

06

使用 [干油墨] 笔刷在所有被亮片装饰覆盖的区域添加点状的天蓝色，与原先所用的蓝色只在明度上有所区别。加入高饱和度的蓝色使画面更生动。

07

使用 [Gesinski 油墨] 笔刷绘制白色高光，完善面料的闪光质感。注意所有高光应该细碎且分布均匀，能够将观察者的视线带到服装各处。

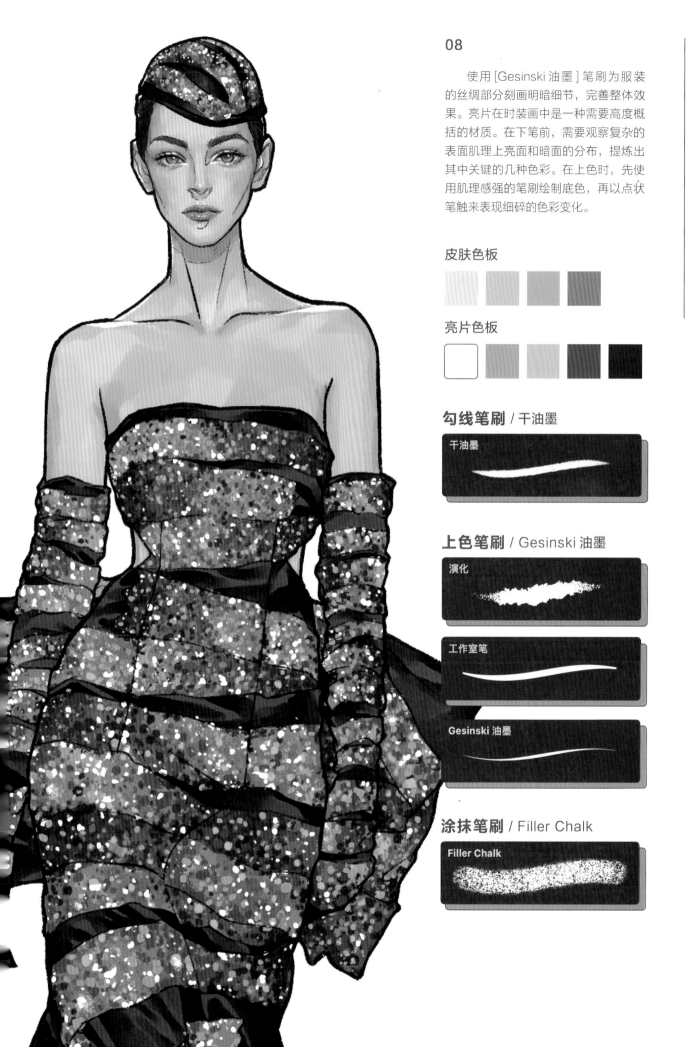

使用 [Gesinski 油墨] 笔刷为服装的丝绸部分刻画明暗细节，完善整体效果。亮片在时装画中是一种需要高度概括的材质。在下笔前，需要观察复杂的表面肌理上亮面和暗面的分布，提炼出其中关键的几种色彩。在上色时，先使用肌理感强的笔刷绘制底色，再以点状笔触来表现细碎的色彩变化。

皮肤色板

亮片色板

勾线笔刷 / 干油墨

干油墨

上色笔刷 / Gesinski 油墨

演化

工作室笔

Gesinski 油墨

涂抹笔刷 / Filler Chalk

Filler Chalk

5.16 串珠装饰

　　串珠是近年来在女装和饰品中应用极为广泛的一种装饰辅料，串珠的质地可分为玻璃、骨质、陶瓷、水晶、仿金和木制等种类。其造型也是千姿百态，如珠形、圆柱形、动物造型、多边形等。大部分串珠装饰由手工完成，因此具有一定的随机性和独特性，串珠装饰也为整体服装增添了精致与奢华的效果。

串珠装饰小样效果图

  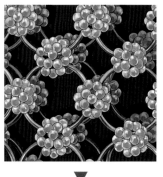 

金属链条串珠装饰　　　　珍珠链条装饰　　　　团簇串珠装饰　　　　组合串珠装饰

串珠装饰绘制步骤

01 绘制线稿

　　用[干油墨]笔刷绘制草稿和线稿，以简洁的线条来表现串珠的框架结构。

02 细化形状

　　在线稿之上新建图层，用[工作室笔]笔刷吸取粉色和棕色，分别勾勒出珍珠和宝石的轮廓。

03 刻画明暗

　　打开[阿尔法锁定]图层模式，为串珠装饰刻画明暗细节，增加光泽感。

04 绘制投影

　　复制串珠图层，结合[阿尔法锁定]和[填充图层]将串珠替换为深粉色，微移错位得到投影。

串珠装饰时装画绘制步骤

01

插入人物动态模板，在此基础上用 [干油墨] 笔刷绘制人物发型、服装和配饰的外轮廓。注意衬衫和半裙的比例，可以加大串珠装饰和手拿包的体积来增强视觉效果。

02

使用 [干油墨] 笔刷，以流畅的线条对草稿进行勾勒，以简洁的线条来表现串珠的框架结构，并对外轮廓线进行加粗。绘制裙摆部分的蕾丝纹样时，可以通过拷贝来节省时间。

03

使用 [工作室笔] 笔刷铺底色，确定服装的色彩搭配。参考模特面部特征，完成头部上色。结合 [阿尔法锁定] 和 [超细喷嘴] 笔刷将线稿喷涂为棕色，提高服装的轻盈感。

04

在线稿之上新建图层，使用 [工作室笔] 笔刷吸取粉色和棕色，分别勾勒出珍珠和宝石的轮廓。打开 [阿尔法锁定]，为串珠装饰和手拿包刻画明暗细节，增加光泽感。

05

复制串珠图层，结合 [阿尔法锁定]和 [填充图层] 将串珠替换为深粉色，微移错位得到投影。使用 [Gesinski 油墨] 笔刷结合涂抹工具完善衬衫和薄纱半裙的质感。

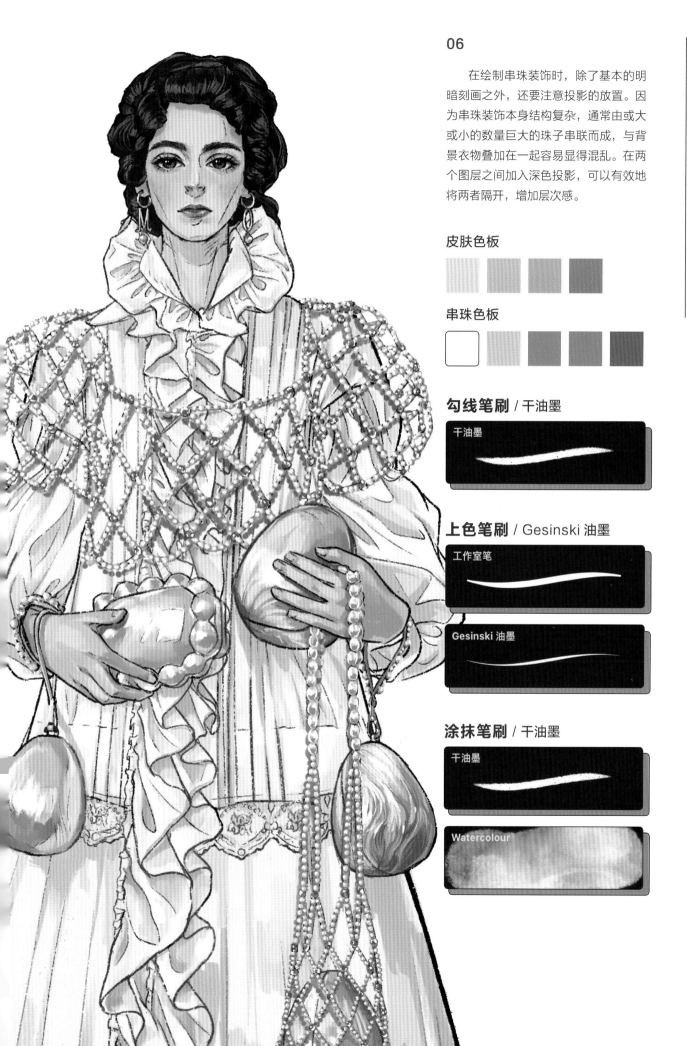

在绘制串珠装饰时，除了基本的明暗刻画之外，还要注意投影的放置。因为串珠装饰本身结构复杂，通常由或大或小的数量巨大的珠子串联而成，与背景衣物叠加在一起容易显得混乱。在两个图层之间加入深色投影，可以有效地将两者隔开，增加层次感。

皮肤色板

串珠色板

勾线笔刷 / 干油墨

干油墨

上色笔刷 / Gesinski 油墨

工作室笔

Gesinski 油墨

涂抹笔刷 / 干油墨

干油墨

Watercolour

服装面料图案表现技法

　　图案是指面料上各种形式的纹样，根据题材可以分为花卉、动物、风景、几何、人物、卡通等类型；按绘画手法可以分为写实、写意、抽象等风格；按图案的循环方式可以分为定位图案、二方连续图案和四方连续图案。图案的配色、元素的大小以及图案在服装款式中的使用位置，都会影响到服装的整体风格。

　　本章将从不同形式的图案绘制方法出发，详细介绍在服装中应用最为广泛的格纹、花卉、水果以及动物纹样，并结合不同的配色将其应用在不同的款式中，本章内容可以直接指导设计实践。

扫以下二维码，付费看本章相关教学视频

 格纹印花图案的绘制技巧

 二方连续与四方连续图案的绘制技巧

 印花题材与满地印花图案的绘制技巧

6.1 服装面料图案概述

　　本章涉及的图案均为在服装上应用广泛的经典案例，具有代表性，例如格纹图案、几何图案、动物纹图案、速写花卉图案、剪影花卉图案、碎花图案、水彩花卉图案、扎染图案、水果图案、拼贴抽象图案等。

格纹图案

剪影花卉图案

碎花图案

水彩花卉图案

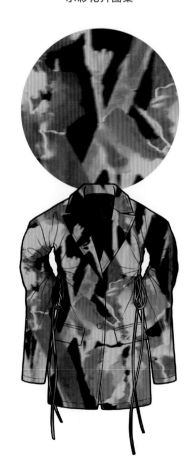

几何图案

动物纹图案

速写花卉图案

扎染图案

水果图案

拼贴抽象图案

6.2 格纹图案

　　格纹图案一直是服装面料上的经典元素，时髦度从未消退，例如朝阳格充满动感与朝气，千鸟格显得摩登又时髦，苏格兰格纹则是经典与复古的代表。不同的格纹图案能烘托出不同的服装风格，因此也成为设计师们青睐的设计元素，例如在薇薇安·韦斯特伍德、JW 安德森等设计师作品中常出现格纹图案。

朝阳格图案绘制步骤

01 绘制横条纹

　　在 [操作 – 画布 – 绘图指引] 中打开 2D 网格，调整网格尺寸到合适的大小，使用矩形选取绘制横条纹。

02 绘制竖条纹

　　复制图层，使用 [变换变形] 旋转横条纹 90 度，得到竖条纹。

03 组合条纹

　　将两个图层的透明度降低为 50%，并将上层的图层模式改为 [线性加深]。

04 调色

　　降低纹样整体的饱和度，使其更适用于服装面料，缩小图案检查效果。

朝阳格图案调色效果预览

朝阳格图案介绍

朝阳格是以白色为底并加入其他颜色交错组成的小方格纹样，以红白格、蓝白格、黑白格为主，与各种荷叶边、泡泡袖等流行元素结合起来，更具时髦感。

千鸟格图案介绍

千鸟格起源于威尔士王子格，也称为格伦格，因为其图案由许多小鸟形状组成，所以称为千鸟格。大面积的千鸟格图案既经典复古，又摩登时髦。

千鸟格图案绘制步骤

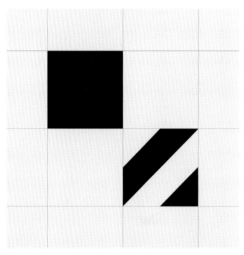
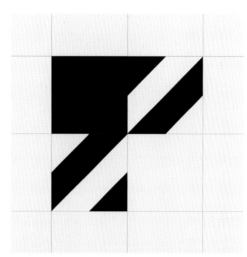

01 绘制元素

在 [操作 - 画布 - 绘图指引] 中打开 2D 网格，调整网格尺寸到合适的大小，使用矩形选取绘制两个正方形元素。

02 完成循环单元

将已有元素组合成千鸟格纹的循环单元，在绘制一个四方连续图案前，需要分析其最小的循环单元。

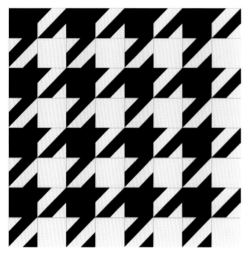
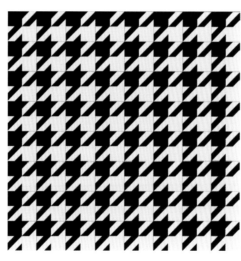

03 组合元素

将大量循环单元整齐地排列在一起，可以得到完整的千鸟格图案。

04 调色

经典的配色是黑与白，可以尝试用浅色或活泼的色彩来代替黑色。

千鸟格图案调色效果预览

朝阳格和千鸟格图案服装效果图

朝阳格和千鸟格图案服装效果图

苏格兰格纹图案绘制步骤（案例一）

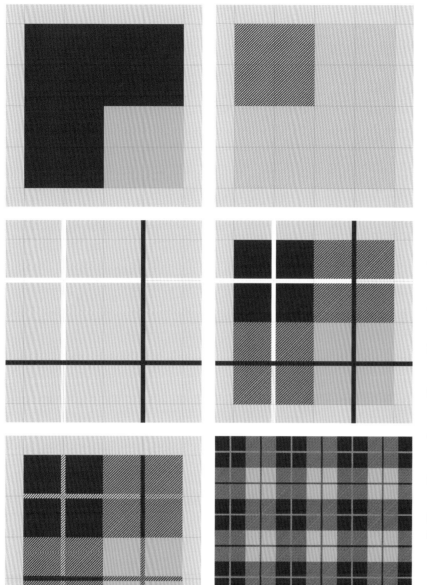

01 绘制粗格纹
在 [操作 – 画布 – 绘图指引] 中打开 2D 网格，调整网格尺寸到合适的大小，使用矩形选取绘制粗格纹。

02 绘制斜纹肌理
用矩形选取绘制细长线条，打开 [变换变形 – 对齐] 将其旋转 45° 后整齐排列，得到与粗格纹相同大小的斜纹肌理。

03 绘制细格纹
参考 2D 网格制作与粗格纹相同大小的细格纹，细格纹均匀地将粗格纹平分。

04 增加肌理
将已有的三个图层组合，得到图案的初步效果，思考红色和蓝色的组合方式。

05 组合元素
进一步完善效果，叠加斜纹肌理，改变肌理的颜色，得到最终的循环单元。

06 调色
复制单元格，缩小纹样检查效果。在调整中改变 [色相] 或者使用 [渐变映射] 进行调色。

苏格兰格纹图案调色效果预览（案例一）

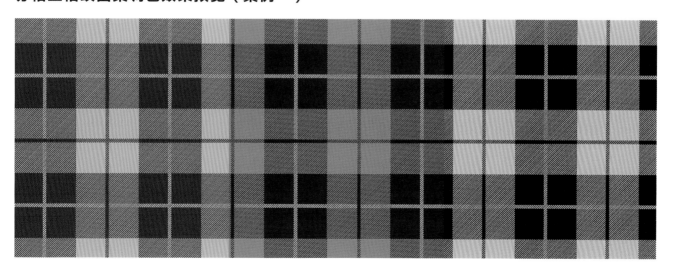

苏格兰格纹图案介绍

苏格兰格纹图案历史悠久，并一直保持着极高的流行度。发展至今已有超过四千种图案配色，较为常见的有"红色＋绿色＋黄色＋白色"格纹和"米色＋红色＋驼色＋黑色＋白色"格纹。苏格兰格纹图案应用范围较广，可用于衬衣、风衣、大衣、连衣裙、裙子、裤装等服装品类，也可以用在帽饰、围巾、鞋包等配饰上。

苏格兰格纹图案绘制步骤（案例二）

01 绘制横条纹组

在［操作－画布－绘图指引］中打开 2D 网格，调整网格尺寸到合适的大小，使用矩形选取绘制横条纹组。

02 绘制竖条纹组

复制图层，使用［变换变形］旋转横条纹组 90 度，得到竖条纹组。

03 组合条纹

将两个图层的透明度降低为 60%，并将上层的图层模式改为［线性加深］。

04 调色

合并所有图层，缩小纹样检查效果，在调整中改变［色相］或者对图层使用［反转］来进行调色。

苏格兰格纹图案调色效果预览（案例二）

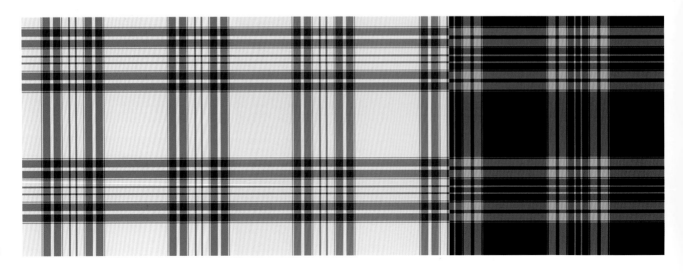

苏格兰格纹图案服装效果图

6.3 几何图案

几何图案是用几何元素组成的有规律的纹饰，具有简单、规律且装饰性强的特点。例如本节示范的几何图案具有较强的韵律感，不但打破了经典款式的沉闷感，还通过多种元素的组合减弱图形之间的边界感，使整体画面更加和谐。在配色上，创作者可以在不同元素上大胆尝试撞色设计，这种方法既能突出几何元素，又可以活跃整体画面氛围。

几何图案绘制步骤

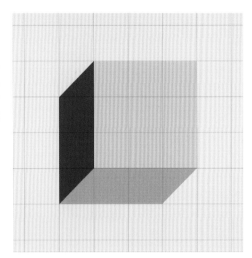
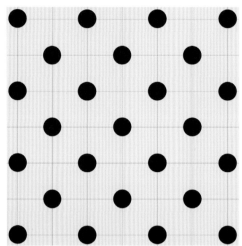
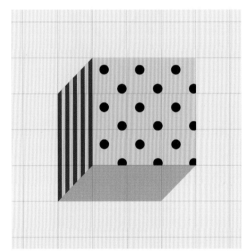
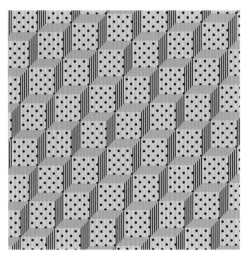

01 绘制立方体

在 [操作 – 画布 – 绘图指引] 中打开 2D 网格，调整网格尺寸到合适的大小，使用矩形选取绘制立方体。

02 绘制波点纹样

使用速创形状得到圆形，参考网格进行排列，得到波点纹样。

03 组合元素

将立方体与波点纹样组合起来，并为立方体侧面增加条纹纹样。

04 调色

合并所有图层，缩小纹样检查效果，使用 [渐变映射] 或者对图层使用 [反转] 来进行调色。

几何图案调色效果预览

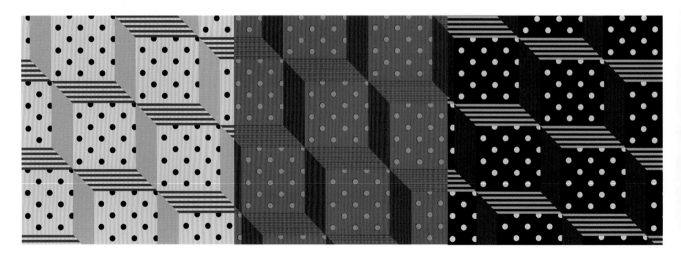

几何图案服装效果图

6.4 动物纹图案

　　动物纹图案借鉴动物皮毛的表面花纹，并对其进行写实或抽象的艺术加工，再运用到服装面料印花中。动物纹图案种类特别丰富，从豹纹、虎纹，到蛇纹、斑马纹等，容易塑造成熟和性感的服装风格。在配色上，多使用经典的"黑白"配色，也可以通过邻近色弱化纹理的对比，或使用对比色或互补色强化图案肌理。

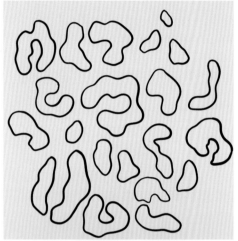

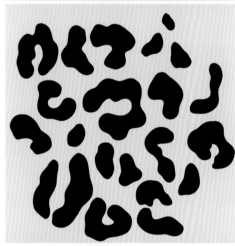

豹纹图案

斑马纹图案

豹纹图案绘制步骤

01 豹纹勾线

　　用［工作室笔］笔刷绘制豹纹纹样的外轮廓，可以参考现有的豹纹图案。

02 豹纹填色

　　确保所有外轮廓线形成了闭合形状，拖动界面右上角的色彩至轮廓内进行填充。

03 组合元素

　　缩小纹样检查效果，拷贝已有元素或补充新的元素，形成更丰富的豹纹图案。

斑马纹图案绘制步骤

01 斑马纹勾线

　　用［演化］笔刷绘制斑马纹的外轮廓，可以参考现有的斑马纹图案。

02 斑马纹填色

　　确保所有外轮廓线形成了闭合形状，拖动界面右上角的色彩至轮廓内进行填充。

03 组合元素

　　缩小纹样检查效果，拷贝已有元素或补充新的元素，形成更丰富的斑马纹图案。

豹纹和斑马纹图案服装效果图

6.5 速写花卉图案

　　花卉图案是服装设计中最常用的装饰图案之一，可以通过白描、写实、写意、抽象等形式进行艺术创作，并可以通过印染、刺绣和立体造型等多种工艺应用在不同的服装面料中。将其使用在春夏服装常用的雪纺、丝绸面料上，可以体现出盎然生机；将其应用在毛呢大衣、羽绒外套上，能打破冬天的沉闷色彩，增添活力。

速写花卉图案绘制步骤

01 绘制草稿

　　用[干油墨]笔刷绘制太阳花的草稿，花型包括：单朵大花、小花、带梗小花、小花组合。

02 勾勒线条

　　用[技术笔]笔刷以流畅的线条对草稿进行勾勒，简单绘制花芯部分。

03 刻画细节

　　调低笔刷的透明度，绘制花卉各组成部分上的纹理。

04 组合元素

　　缩小纹样检查效果，拷贝已有元素或补充新的元素，形成更丰富的花卉纹样。可以直接对现有纹样进行调色，也可以填充花卉后分层调色。

速写花卉图案调色效果预览

速写花卉图案服装效果图

6.6 剪影花卉图案

　　剪影花卉图案主要指通过对花卉外形轮廓的提取，并利用对比色的搭配突出剪影形状，给人强烈的视觉冲击感。剪影花卉在绘制时需要对花卉的形状和姿态进行梳理和概括，优化自然线条，使剪影呈现出圆润饱满的效果；在制作循环纹样时需要注意元素分布的疏密，可利用树叶进行组合搭配，并且需要适当留白，使画面更加灵动。

剪影花卉图案绘制步骤

01 绘制花卉

　　用［技术笔］笔刷绘制花卉剪影，花型包括：小花、叶子和带叶子的大花。

02 组合花卉

　　将花朵元素置于中心，叶子元素从中心出发四散开来，组合成花束。合并图层前确保完成了备份。

03 组合花束

　　对花叶元素进行不同的排列组合，得到形态各异的花束。组合不同的花束，注意疏密分布，适当留白。

04 调色

　　花卉纹样和底色可以分开调色，也可以合并调色。采用对比色搭配，强调纹样的轮廓之美。

速写花卉图案调色效果预览

剪影花卉图案服装效果图

6.7 碎花图案

　　碎花图案是一种清新、活泼的装饰图案。常见的碎花图案可以通过单一品种或单一色彩的花卉元素进行大小组合，也可以通过多种花卉元素或多种色彩的组合，铺陈在单一底色上。碎花图案比几何图案更加随意自然，尤其适合在春夏单品和具有度假风格的服装上进行应用，让穿着者显得清新自然。

碎花图案绘制步骤

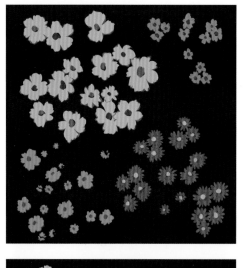

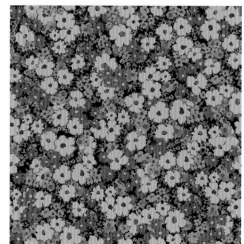

01 绘制花卉

　　用[Gesinski油墨]和[工作室笔]笔刷绘制碎花元素，注意花型和颜色的变化。

02 组合花卉

　　首先放置大花，然后按照花卉元素的尺寸大小依次进行填充。

03 完善细节

　　缩小纹样检查效果，拷贝已有花卉组合，并在下方新建图层绘制叶子，形成更丰富的纹样。

04 调色

　　合并所有图层，在调整中改变[色相]或者使用[渐变映射]进行调色。

碎花图案调色效果预览

碎花图案服装效果图

6.8 水彩花卉图案

　　水彩花卉图案主要利用软件绘制技法表现花朵的朦胧感和水彩画特有的水渍感，画面清澈纯粹、透明清晰。利用 Procreate 软件笔刷绘制，既能保留水彩画的通透性，又能克服真实水彩画覆盖力差、易混色等缺点，使整体画面既有模糊写意的效果，也可以表现出创作者细腻扎实的写实功底。

水彩花卉图案绘制步骤

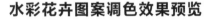

01 绘制花卉

　　用 [Watercolour] 和 [奥德老海滩] 等水彩感笔刷绘制鸢尾花元素，注意花型和颜色的变化。

02 绘制底纹

　　放置大花，在下方新建图层绘制叶子作为底纹，添加小花进行点缀。

03 调色

　　合并所有图层，在调整中改变 [色相] 或者使用 [渐变映射] 进行调色。

04 丰富组合

　　在现有纹样上添加初始的鸢尾花元素，丰富画面效果，可以进行二次调色。

水彩花卉图案调色效果预览

水彩花卉图案服装效果图

6.9 扎染图案

扎染是通过针线对面料进行缝扎捆绑后再经染色而形成图案纹样，在染扎的过程中随机产生的晕染效果是吸引设计师们的主要特点。在服装面料上，通常只保留较为简单的扎花痕迹，使其褪去传统的民族手工感，适应当下潮流。此外扎染图案还可以通过不同的配色方案，表现出或清新、或浓郁的服装风格。

扎染图案绘制步骤

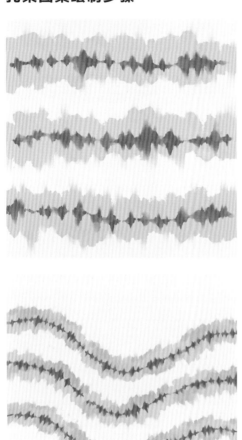
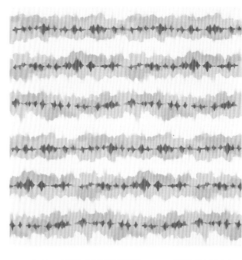

01 绘制扎染纹样

用[演化]和[奥德老海滩]笔刷，配合[Watercolour]笔刷涂抹绘制扎染纹样，注意晕染部分的形状变化。

02 组合纹样

缩小纹样检查效果，拷贝已有元素或补充新的元素，用画笔完善接缝处断层。

03 变换变形

将每一根扎染纹样单独进行变形后再组合。变形可以使用[调整－液化－推/顺时针转动]或者[变换变形－弯曲]。

04 调色

合并所有图层，在调整中改变[色相]或者使用[渐变映射]进行调色。

扎染图案调色效果预览

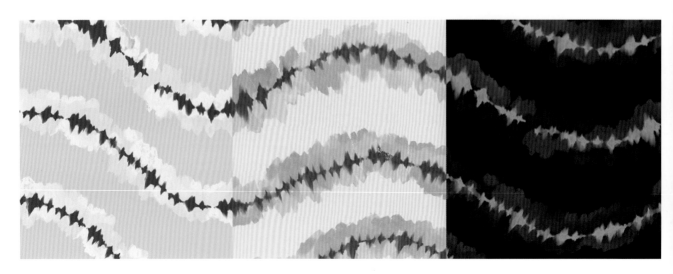

扎染图案服装效果图

扎染图案服装效果图

6.10 水果图案

　　水果图案常以印花的形式运用在夏日服装中，并通过高饱和度的色彩搭配体现出活泼明朗的设计风格。设计师可以利用生活中常见的水果元素进行组合搭配，例如菠萝、葡萄、香蕉、草莓等，通过抽象或者平面化的处理，呈现出缤纷的趣味感，应用在童装单品中；也可以进行写实或照片式的处理，呈现出复古感，应用在女装单品上。

水果图案绘制步骤

01 绘制水果

　　用[粉笔]笔刷绘制多种水果，不用刻意追求形准，只需营造轻松散漫的效果。

02 绘制叶子

　　用[粉笔]笔刷在每个水果上端绘制不同叶片，用同一种绿色将所有元素串联在一起。

03 组合纹样

　　对元素进行备份，组合水果元素，注意疏密分布，有张有弛。

04 调色

　　合并所有水果元素，保留纹样和底色两个图层。调色时，将色彩丰富的纹样转化为双色剪影纹样。

水果图案调色效果预览

水果图案服装效果图

6.11 拼贴抽象图案

　　拼贴抽象图案是将不同的元素，如条状、点状、色块等，进行排列组合，使其产生丰富的层次感，具有灵活性。在配色上可通过增强色彩对比度强调图形间的韵律感，也可以削弱色彩的对比度降低图形间的破碎感。将这种扁平化的图案元素应用在服装中是近年来的流行趋势，常运用在夏日服装中，深受女性消费者喜爱。

拼贴抽象图案绘制步骤

01 绘制肌理

　　用肌理感笔刷绘制多种条状和点状肌理，注意线条的粗细和间距变化。

02 绘制拼贴素材

　　用[演化]笔刷绘制具有纸张撕裂感的拼贴素材，并叠加毛边色块或肌理。

03 组合纹样

　　对元素进行备份，组合多种拼贴素材，注意各素材之间的大小对比和色彩搭配。

04 调色

　　合并所有图层，在调整中改变[色相]或者使用[渐变映射]进行调色。

拼贴抽象图案调色效果预览

拼贴抽象图案服装效果图

时装画的构思与表现

　　时装画在早期的时装插图基础上演变而来，随着数字技术的加入，其表现手法变得更加多元，因此最终形成的作品也极具视觉冲击力。时装画体现了设计师的个人风格，既可以用来满足不同的商业需求，也具有一定的艺术性。

　　本章将以三幅时装画为案例，从设计构思、风格锁定、画面构图、颜色质感的表现等各个方面介绍时装画的绘制过程。

扫以下二维码，付费看本章相关教学视频

时装画的构思与创作分享

7.1 人物时装画

　　本案的构思是一张单人无背景的时装画，要素简洁，画面重心在模特身上的宝蓝色礼服及珠宝装饰。为了营造一种带有侵略性的时髦感，采用橙蓝两色进行撞色设计，配色简单且强烈。为了丰富整体搭配，除了刻画各种珠宝装饰以外，还为模特增加了造型夸张的纸艺耳环和金属质感的指甲贴片。

线稿绘制步骤

01 绘制草稿

　　大量收集参考图，使用 [干油墨] 笔刷依次绘制人物的动态、五官、发型、服装和配饰的基本轮廓，调整各个元素的大小比例，直到在视觉上达到平衡。

02 勾勒线条

　　使用 [干油墨] 笔刷，以平滑的线条对草稿进行勾勒。对主要的结构线进行加粗，而五官、发丝、褶皱等辅助线条则偏细，注意保持画面整洁。

03 铺底色

　　使用 [工作室笔] 笔刷铺底色，选择橙色和宝蓝色进行撞色设计，产生纯粹且强烈的视觉效果。根据服装特色，为模特搭配适合的妆容。

脸部上色步骤

脸部上色步骤

服装绘制步骤

　　使用 [干油墨] 笔刷吸取服装底色，用 [正片叠底] 图层模式绘制阴影，关注面料褶皱形成的暗部，边画边用涂抹笔刷进行调整，表现出丝绸面料柔软光滑的质感。在模特面部、身体和服装表面点缀珠宝装饰，使用 [Gesinski 油墨] 笔刷进行细节刻画。最后，创建浅灰色背景，用天蓝色勾勒外轮廓，提高画面的完整性。

7.2 场景时装画

　　本案的构思是一张以 Gucci 女孩为主题的时装画，画面的组成要素包括室内场景、模特、
时装和动物。视觉重心沿着模特的脸部顺延到左下角的皮鞋上。为了营造一种复古的朦胧感，
整体配色丰富且浓郁，以墨绿为主色，使环境与服装产生呼应。为了丰富整体搭配，在画面中
增加了一只鹦鹉和一条珊瑚蛇，突显 Gucci 女孩的怪诞感。

整体绘制步骤

　　完成线稿的绘制后，为画面中每一个元素上色，确定整体的色彩搭配。如左上图可见，画面被分为两个部分，前景为坐在椅子上的模特，后景为室内场景。将两个部分分开上色，为了突出场景的虚实变化，使用 [调整－透视模糊] 对背景图层进行虚化处理，再用 [调整－色像差] 来提高画面的复古朦胧感。

局部刻画 – 鹦鹉

首先，使用 [工作室笔] 笔刷为鹦鹉绘制底色；其次，将图层打开 [阿尔法锁定] 模式，使用 [超细喷嘴] 在鹦鹉头部增加亮黄色，区分眼睛和嘴部的色块；最后，使用 [干油墨] 笔刷以排线的方式刻画羽毛细节。

局部刻画 – 珊瑚蛇

首先，使用 [工作室笔] 笔刷为珊瑚蛇绘制底色及条纹纹理；其次，使用 [干油墨] 笔刷结合 [剪辑蒙版] 和 [正片叠底] 为蛇身绘制阴影；最后，新建图层，使用 [干油墨] 笔刷刻画蛇皮的纹理细节。

局部刻画 – 皮鞋

首先，使用 [工作室笔] 笔刷为皮鞋及其配件绘制底色；其次，使用 [Gesinski 油墨] 笔刷配合涂抹工具绘制阴影；最后，使用 [Gesinski 油墨] 笔刷增加皮鞋亮面和配件细节，完善漆皮的反光质感。

7.3 封面时装画

　　本案的构思是一张以时装发布会为主题的时装画，描绘了三位模特擦肩而过的场景。视觉重心在正中间的模特身上，左右两边各有一位模特虚影，营造出一种光影交错的氛围，配色以黄色系为主，给人以温暖的感觉。服装的选择契合主基调，多为宽松、有垂坠感的款式，搭配模特行走的动态，呈现出飘逸自然的美感。

线稿绘制步骤

01 绘制草稿

　　大量收集参考图，在 [操作 – 画布 – 绘图指引] 中打开透视辅助线，绘制墙面和地砖纹理，再依次确定三个人物的位置和外轮廓。

02 勾勒线条

　　使用 [干油墨] 笔刷，以平滑的线条对草稿进行勾勒。对主要的结构线进行加粗，而五官、发丝、褶皱等辅助线条则偏细，注意保持画面整洁。

03 区分层次

　　使用三种深度的灰色对画面中的元素进行区分。其中，深灰部分代表了视觉中心，中灰部分需要轻度虚化，浅灰部分需要重度虚化。

整体绘制步骤

    为每个人物创建一个文件夹，以便于后期进行调整。按顺序对每个元素进行刻画，得到完整且清晰的初步画面效果。根据之前确定的虚实关系，中间的模特不需要虚化。将另外两位模特的所有图层合并，打开 [调整 – 透视模糊]，将焦点放置于画面中央，长按画面并左右拖动来调整两位模特的虚化程度。用同样的方式处理背景，营造光影交错的氛围。

人物一的局部刻画

在服装的轮廓中置入牛仔面料素材，调整色相和明度得到黑色牛仔斜纹肌理，使用 [工作室笔] 笔刷为其他区域绘制底色。接着，使用 [干油墨] 笔刷绘制明暗关系，完善面料质感。人物一作为整个画面的视觉中心，需要花费更多笔墨。

人物二的局部刻画

先用 [工作室笔] 笔刷铺底色，再用 [干油墨] 笔刷塑造整体的明暗关系。虽然后期调整时会使用透视模糊来虚化人物，但是在最终的呈现中，所有的大块面依然清晰可见。所以在刻画人物时，不要求细节精致，但至少要保证块面感的完成度。

人物三的局部刻画

先用 [工作室笔] 笔刷铺底色，再用 [干油墨] 笔刷塑造整体的明暗关系。使用透视虚化之后，距离焦点越远的部分越模糊。同样的，在刻画人物时，不要求细节精致，但至少要保证块面感的完成度。

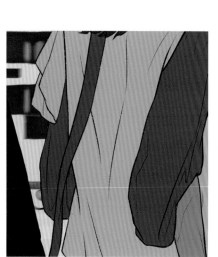

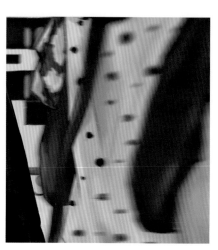

Hiisue Gallery

2019.06.30
–
2020.08.16

Ports 1961. Resort 18 / 2020.05.18.

Emilia Wickstead. SS 20 / 2020.10.01

Marimekko / 2020.02.11.

Viktor & Rolf. SS 19 / 2019.12.05

Nina Ricci. SS 20 / 2020.02.22.

Acne Studio / 2019.07.08.

Valentino. S18. Couture / 2020.08.16

Valentino. FW 18 / 2020.06.23.

Viktor&Rolf. SS20 / 2020.02.08

Lacoste. SS20 / 2020.03.22.

Acus Jg. FN19 / 2019.11.01.

Acus Jg. SS20 / 2019.11.20

Jacquemus. SS20 / 2019.06.30

Jacquemus. SS19 / 2020.03.02

Fashion is about dreaming and making other people dream. – Donatella Versace

时尚不仅承载梦想，也让他人拥有梦想。
——多娜泰拉·范思哲

从 2019 年 6 月起，我陆续为自己喜欢的品牌创作了一系列的时装画，在社交媒体上得到了大家的关注和好评。不少人问我，为什么要花如此大的精力来还原秀场照片？我认为，只有通过临摹和再创作，才能更深刻地体会到每个设计的精妙之处，从而读懂其背后的时尚态度。就像多娜泰拉·范思哲所说的，时尚不仅承载梦想，也让他人拥有梦想。画画时的我，是一个造梦人。

机缘巧合下，我得以出版这本《Procreate 时装画技法教程》。该书从入门起，系统地呈现了人体模板、服装款式图以及不同服装面料材质和印花图案的画法。在使用本书练习时，你不仅要关注作品的完成度，更要勤于总结规律。在经历足够多的挑战并攻克各种技术难关后，你将能自主分析出不同服装的最优画法，成为一名优秀的"时装画匠人"。

接下来你的终极任务将是找到属于自己的画风，这不是一件容易的事情。除了不懈的观察练习，还需要瞬间的灵感迸发。前两页中以十四张为一组的时装画系列风格各异，正是我个人摸索过程的真实展现。

绘画是生活的一剂调品，也是值得奋斗一生的事业。希望这本书能帮助热爱画画的你找到更多乐趣，也找到自己独有的绘画语言。

Hiifine